對本書的讚譽

《*JavaScript 無所不在*》是一本難得的好書,提供在任何平台上使用 JavaScript 建構應用程式所需的一切知識。如書名所述:JavaScript 無所不在,而本書內容鉅細靡遺,適合各個階層的開發人員。讀完本書,即可信心滿滿地編寫程式碼並做出技術決策。

—*Eve Porcello*
Moon Highway 軟體開發人員兼講師

《*JavaScript 無所不在*》是探索不斷變化的現代 JavaScript 生態系統的完美輔助。Adam 以清楚易懂的方式教授 React、React Native 和 GraphQL,協助您建構穩健的網頁、行動和桌面應用程式。

—*Peggy Rayzis*
Apollo GraphQL 工程經理

U0086898

JavaScript 無所不在

使用 GraphQL、React、React Native 和 Electron 建構跨平台應用程式

JavaScript Everywhere
Building Cross-Platform Applications with GraphQL, React, React Native, and Electron

Adam D. Scott 著

楊政荃 譯

O'REILLY®

獻給我父親，是他把我的第一部拼裝電腦帶回家，
並且校對我寫的每一篇論文。沒有您，我不會有今天的成就。
我想念您。

序

1997 年，我讀高二的那一年，和朋友用學校圖書館的電腦上網，當時他告訴我，只要按一下檢視→原始碼就可以查看網頁的基礎程式碼。幾天後，另一個朋友示範給我看如何發佈自己的 HTML。我大開眼界。

在那之後，我就深深著迷。我到處瀏覽自己喜歡的網站並從中學習，拼湊出我自己的網站。我把大部分的空閒時間都花在家中餐廳的組裝電腦上，不斷摸索。我甚至「編寫」（其實只是複製貼上）我的第一個 JavaScript 對連結套用懸停樣式，這在當時還無法用簡單的 CSS 辦到。

經過一連串轉折後，我自己架設的音樂網站獲得相當高的知名度，我覺得這簡直就是電影《成名在望》的另類宅男版。因此，我收到郵寄的宣傳 CD，並且被列入音樂會的嘉賓名單。但對我來說，更重要的是我能與世界各地的人分享我的興趣。我當時是個住在郊區的無聊青少年，熱愛音樂，卻能接觸我完全不認識的人。這在當時帶給我很大的成就感，現在仍是如此。

我們現在只要用網頁技術就能建構強大的應用程式，但一開始可能很艱難。API 是提供資料的隱形背景、檢視→原始碼可顯示串連和縮小的程式碼、驗證和安全性深奧難懂，將這些東西放在一起可能令人不知所措。如果我們能夠看透這些令人困惑的細節，會發現我在 20 多年前摸索的技術現在可用來建構強大的網頁應用程式、編寫原生行動應用程式、建立強大的桌面應用程式、設計 3D 動畫，甚至編寫機器人程式。

身為教育工作者，我發現對許多人來說，最有效的學習方式是建構新事物、加以分解並根據自己的使用案例進行調整。這就是本書的目標。如果您瞭解一些 HTML、CSS 和 JavaScript，但不確定如何利用這些元件建構您想像中的穩健應用程式，這本書就很適合您。我將引導您建構 API，驅動網頁應用程式、原生行動應用程式和桌面應用程式的使用者介面。最重要的是，您將瞭解這些元件如何結合，進而創造美好的事物。

我等不及想看您的作品。

— Adam

前言

我在寫完第一個 Electron 桌面應用程式後，腦海中浮現了寫這本書的想法。從事網頁開發工作後，我立刻被使用網頁技術建構跨平台應用程式的可能性給迷住了。同時，React、React Native 和 GraphQL 都逐漸起飛。我尋找資源來瞭解這些東西是如何結合，但始終一無所獲。這本書就是我當時需要的指南。

本書的終極目標是介紹使用單一程式設計語言 JavaScript 建構各種應用程式的可能性。

目標讀者

本書適合有一些 HTML、CSS 和 JavaScript 經驗的中階開發人員，或希望學習經營事業或副業所需工具的初學者。

本書結構

本書旨在引導您開發適用於各種平台的範例應用程式，共分為以下章節：

- 第 1 章引導您建立 JavaScript 開發環境。
- 第 2–10 章介紹如何使用 Node、Express、MongoDB 和 Apollo Server 建構 API。
- 第 11–25 章探討使用 React、Apollo 及各種工具建構跨平台使用者介面的細節。其中：
  - 第 11 章介紹使用者介面開發和 React。
  - 第 12–17 章示範如何使用 React、Apollo Client 和 CSS-in-JS 建構網頁應用程式。

— 第 18–20 章引導您建構簡單的 Electron 應用程式。

— 第 21–25 章介紹如何使用 React Native 和 Expo 建構適用於 iOS 和 Android 的行動應用程式。

本書編排慣例

本書使用的排版慣例如下：

斜體字（*Italic*）

> 表示新術語、URL、電子郵件地址、檔案名稱和副檔名。中文以楷體表示。

定寬字（`Constant width`）

> 用於程式清單，以及在段落中指涉程式元素，例如變數或函式名稱、資料庫、資料類型、環境變數、陳述式和關鍵字。

定寬粗體字（**`Constant width bold`**）

> 表示使用者應逐字輸入的命令或其他文字。

定寬斜體字（*`Constant width italic`*）

> 表示應替換成使用者提供的值或經由上下文決定的值之文字。

 此圖示表示提示或建議。

 此圖示表示一般說明。

 此圖示表示警告或注意事項。

使用範例程式

您可以從 *https://github.com/javascripteverywhere* 下載補充資料（程式碼範例、練習等等）。

如果使用程式碼範例時遇到技術問題，請寄電子郵件至 *bookquestions@oreilly.com*。

本書可協助您完成工作。一般而言，您可以在您的程式和文件中使用本書提供的範例程式碼。您不必與我們聯繫取得許可，除非您要複製大部分的程式碼。例如：編寫使用多個本書程式碼區塊的程式不需要許可，而出售或發表 O'Reilly 書籍中的範例則需要取得許可；引用本書內容和範例程式碼回答問題不需要我們的許可，但是將大量的本書範例程式碼收錄至您的產品文件則需要取得許可。

還有，我們很感激各位註明出處，但並非必要舉措。註明出處時，通常包括書名、作者、出版商和 ISBN。例如：「*JavaScript Everywhere* by Adam D. Scott (O'Reilly). Copyright 2020 Adam D. Scott, 978-1-492-04698-1.」。

如果覺得自己使用程式範例的程度超出上述的許可合理範圍，歡迎與我們聯繫：*permissions@oreilly.com*。

致謝

感謝 O'Reilly 過去和現在的所有優秀人士，他們多年來對於我的想法一直抱持樂於接受和開放的態度。我要特別感謝編輯 Angela Rufino 給予我意見、鼓勵和許多有用的提醒。我也要感謝 Mike Loukides 帶給我咖啡因和很棒的對談。最後，感謝 Jennifer Pollock 的協助和鼓勵。

我永遠感謝開放原始碼社群，我從中學習並且受益匪淺。我編寫過許多函式庫，如果沒有建立和維護這些函式庫的個人和組織，這本書不可能完成。

幾位技術審稿人讓本書變得更好，確保內容的準確性。感謝 Andy Ngom、Brian Sletten、Maximiliano Firtman、Zeeshan Chawdhary，他們進行了大量的程式碼審查，我由衷感謝。特別感謝我長期以來的同事兼好友 Jimmy Wilson 在緊要關頭審稿並提供意見。我有很多問題要問，但他就像平常一樣不厭其煩。少了他的協助，本書無法成為現在的樣貌。

我非常幸運能在職業生涯中與聰明、熱情、樂於助人的同事共事。我和他們一起學到許多大大小小的技術性和非技術性心得。名單太長，無法一一列出，但我要特別感謝 Elizabeth Bond、John Paul Doguin、Marc Esher、Jenn Lassiter，以及 Jessica Schafer。

音樂是我寫作時永遠的夥伴，少了 Chuck Johnson、Mary Lattimore、Makaya McCraven、G.S.Schray、Sam Wilkes、吉村弘等人的美妙樂聲，這本書就不會問世。

最後，我要感謝我的妻子 Abbey 以及我的孩子 Riley、Harrison 和 Harlow，我犧牲了很多陪伴他們的時間來寫這本書。謝謝你們忍受我把自己關在書房，或者人不在、心卻仍在書房。你們是我最大的動力。

目錄

## 第一章

開發環境

已故的 UCLA 男子籃球隊教練 John Wooden 是有史以來最有成就的教練之一,在 12 年內贏得 10 次全國冠軍。他的球隊由頂尖球員組成,包括 Lew Alcindor(Kareem Abdul-Jabbar)和 Bill Walton 等名人堂球員。在訓練的第一天,Wooden 會叫所有新進球員坐下並教他們如何正確穿襪子,這些都是美國高中最優秀的球員。被問到這個問題時,Wooden 說(*https://oreil.ly/lnZkf*)「細節決定成敗」。

廚師使用 *mise en place* 一詞的意思是「各就各位」,這是指在烹飪前準備菜單所需的工具和食材。此準備工作讓廚房的廚師能夠在繁忙的尖峰時段順利出餐,因為考慮到微小細節。就像 Wooden 教練的球員和為晚餐時段做準備的廚師,我們值得花時間建立開發環境。

實用的開發環境不需要昂貴的軟體或頂級硬體。其實,我建議您從簡單開始,使用開放原始碼軟體,並且讓工具隨著您一起成長。跑者偏好特定品牌的運動鞋,木匠可能總是使用最愛用的鎚子,但需要時間和經驗才能確定這些偏好。試用工具、觀察他人,您將隨著時間建立最適合您的環境。

在本章中,我們將安裝文字編輯器、Node.js、Git、MongoDB 和一些實用的 JavaScript 套件,並且找出終端機應用程式。您可能已建立適合您的開發環境;但我們也會安裝一些將在本書中使用的必備工具。如果您和我一樣經常略過不看說明書,仍建議您詳閱本指南。

如果遇到問題,請透過 Spectrum 頻道 *spectrum.chat/jseverywhere* 與《JavaScript 無所不在》社群聯繫。

文字編輯器

文字編輯器就像是衣服。我們都需要衣服，但每個人的偏好各不相同。有些人喜歡簡單樸素，有些人喜歡華麗的花俏圖案。沒有對錯之分，應使用最適合您的方法。

如果您還沒有偏好，我強烈推薦 Visual Studio Code（VSCode）（*https://code.visualstudio.com*）。它是適用於 Mac、Windows 和 Linux 的開放原始碼編輯器。此外，它提供內建功能以簡化開發，且容易透過社群擴充功能來修改。它甚至是使用 JavaScript 建構的！

終端機

如果使用 VSCode，則附有整合式終端機。就大多數開發工作而言，這足以滿足所有需求。我個人偏好使用專用的終端機用戶端，因為可以更輕鬆地管理多個索引標籤，並在電腦上使用更多專用視窗空間。建議嘗試兩者，然後找出最適合您的方法。

使用專用終端機應用程式

所有作業系統都附有內建的終端機應用程式，這是很好的起點。在 macOS 上，就叫做「終端機」。在 Windows 作業系統上，從 Windows 7 開始，此程式是 PowerShell。Linux 發行版的終端機名稱可能不同，但通常包括「Terminal」。

使用 VSCode

若要存取 VSCode 中的終端機，請按一下終端機→新增終端機，隨即會出現終端機視窗。提示將出現在與目前專案相同的目錄中。

瀏覽檔案系統

找到終端機後，需要瀏覽檔案系統的關鍵能力。您可以使用 cd 命令，代表「變更目錄」。

 命令列提示

終端機指示通常在行首包含 $ 或 >。這些用來指定提示，不應複製。在本書中，將以美元符號（$）表示終端機提示。在終端機應用程式中輸入指示時，請勿輸入 $。

開啟終端機應用程式時，會出現游標提示，您可以在其中輸入命令。在預設情況下，位於電腦的主目錄中。如果還沒有，建議您建立 *Projects* 資料夾做為主目錄中的子目錄。此資料夾可容納所有開發專案。建立 *Projects* 目錄並進入該資料夾，如下所述：

```
# 首先輸入 cd，這將確保您位於根目錄中
$ cd
# 接著，如果還沒有 Projects 目錄，您可以建立一個
# 這將在系統的根目錄中建立 Projects 子資料夾
$ mkdir Projects
# 最後，您可以 cd 進入 Projects 目錄
$ cd Projects
```

將來，您可以用下述方式進入 *Projects* 目錄：

```
$ cd # 確保您位於根目錄中
$ cd Projects
```

現在，假設 *Projects* 目錄中有個名稱為 *jseverywhere* 的資料夾。您可以從 *Projects* 目錄輸入 cd jseverywhere 以進入該資料夾。若要返回目錄（在此例中為 *Projects*），請輸入 cd ..（cd 命令後接兩個句號）。

綜合以上所述，這看起來會是這樣：

```
> $ cd # 確保您位於根目錄中
> $ cd Projects # 從根目錄前往 Projects 目錄
/Projects > $ cd jseverywhere # 從 Projects 目錄前往 jsevewehre 目錄
/Projects/jseverwhere > $ cd .. # 從 jseverwhere 返回 Projects
/Projects > $ # 提示目前在 Projects 目錄中
```

如果您沒學過這些，請花一些時間瀏覽檔案，直到您熟悉為止。我發現檔案系統問題是新手開發人員經常遇到的阻礙。掌握這一點，將會為建立工作流程奠定穩固的基礎。

命令列工具和 Homebrew（僅限 Mac）

安裝 Xcode 後，某些命令列公用程式只提供給 macOS 使用者。您可以跳脫此限制，不安裝 Xcode，透過終端機安裝 xcode-select。方式是執行以下命令，然後按一下安裝提示：

```
$ xcode-select --install
```

Homebrew 是適用於 macOS 的套件管理工具。它使安裝開發相依性（例如程式設計語言和資料庫）就像執行命令列提示一樣簡單。如果使用 Mac，將大幅簡化開發環境。若要安裝 Homebrew，請前往 *brew.sh* 複製並貼上安裝命令，或在一行中輸入：

```
$ /usr/bin/ruby -e "$(curl -fsSL
https://raw.githubusercontent.com/Homebrew/install/master/install)"
```

Node.js 和 NPM

Node.js（*https://nodejs.org*）是「以 Chrome 的 V8 JavaScript 引擎為基礎的 JavaScript 執行階段」。實際上，這表示 Node 是允許開發人員在瀏覽器環境之外編寫 JavaScript 的平台。Node.js 附有預設的封包管理工具 NPM。NPM 讓您能夠在專案中安裝數千個函式庫和 JavaScript 工具。

管理 *Node.js* 版本

如果要管理大量的 Node 專案，您可能會發現也必須管理電腦上的多個 Node 版本。在此情況下，建議使用 Node Version Manager（NVM）（*https://oreil.ly/fzBpO*）來安裝 Node。NVM 是讓您能夠管理多個有效 Node 版本的指令碼。就 Windows 使用者而言，建議使用 nvm-windows（*https://oreil.ly/qJeej*）。我不會講解 Node 版本控制，但它是很實用的工具。如果這是您初次使用 Node，建議您遵照以下說明。

在 macOS 上安裝 Node.js 和 NPM

macOS 使用者可以使用 Homebrew 安裝 Node.js 和 NPM。若要安裝 Node.js，請在終端機中輸入：

```
$ brew update
$ brew install node
```

安裝 Node 後，開啟終端機應用程式以確認是否成功。

```
$ node --version
## 預期輸出 v12.14.1，您的版本號碼可能不同
$ npm --version
## 預期輸出 6.13.7，您的版本號碼可能不同
```

如果在輸入這些命令後看到版本號碼，恭喜——您已成功為 macOS 安裝 Node 和 NPM！

在 Windows 上安裝 Node.js 和 NPM

就 Windows 而言，安裝 Node.js 最簡單的方式是前往 *nodejs.org* 並下載適用於您的作業系統的安裝程式。

首先，前往 *nodejs.org* 並安裝 LTS 版本（撰寫時為 12.14.1），依照適用於您的作業系統的安裝步驟操作。安裝 Node 後，開啟終端機應用程式以確認是否成功。

```
$ node --version
## 預期輸出 v12.14.1，您的版本號碼可能不同
$ npm --version
## 預期輸出 6.13.7，您的版本號碼可能不同
```

LTS 是什麼？

LTS 代表「長期支援」，表示 Node.js Foundation 致力於為該主要版本號碼（在此例中為 12.x）提供支援和安全性更新。標準支援期是版本初始發佈後持續三年。在 Node.js 中，偶數版本是 LTS 版本。建議使用偶數版本進行應用程式開發。

如果在輸入這些命令後看到版本號碼，恭喜——您已成功為 Windows 安裝 Node 和 NPM！

MongoDB

MongoDB 是我們開發 API 時將使用的資料庫。Mongo 是使用 Node.js 的熱門選擇，因為它將資料視為 JSON（JavaScript Object Notation）文件。這表示 JavaScript 開發人員從一開始就可以輕鬆使用。

官方 *MongoDB* 安裝文件

MongoDB 文件提供定期更新的指南，說明如何在不同的作業系統上安裝 MongoDB Community Edition。如果安裝時遇到問題，建議前往 *docs.mongodb.com/manual/administration/install-community* 參考此文件。

在 macOS 上安裝和執行 MongoDB

若要為 macOS 安裝 MongoDB，請先使用 Homebrew 安裝：

```
$ brew update
$ brew tap mongodb/brew
$ brew install mongodb-community@4.2
```

若要啟動 MongoDB，我們能以 macOS 服務的形式執行：

```
$ brew services start mongodb-community
```

這將啟動 MongoDB 服務並以背景程序的形式持續執行。請注意，重新啟動電腦並且要使用 Mongo 進行開發時，可能要再次執行此命令以重新啟動 MongoDB 服務。若要確認 MongoDB 是否已安裝且正在執行，請在終端機中輸入 `ps -ef | grep mongod`，這將列出目前正在執行的 Mongo 程序。

在 Windows 上安裝和執行 MongoDB

若要為 Windows 安裝 MongoDB，請先從 MongoDB Download Center（*https://oreil.ly/XNQj6*）下載安裝程式。下載檔案後，依照安裝精靈的指示操作來執行安裝程式，。建議選擇完整安裝類型，將其配置為服務。所有其他的值都可以保留預設值。

安裝完成後，可能要建立目錄，Mongo 將在其中寫入資料。在終端機中，執行以下命令：

```
$ cd C:\
$ md "\data\db"
```

若要確認 MongoDB 是否已安裝並啟動 Mongo 服務：

1. 進入 Windows 服務主控台。

2. 找出 MongoDB 服務。

3. 以滑鼠右鍵按一下 MongoDB 服務。

4. 按一下開始。

請注意，重新啟動電腦並且要使用 Mongo 進行開發時，可能要重新啟動 MongoDB 服務。

Git

Git 是最熱門的版本控制軟體，您可以進行許多操作，例如複製程式碼儲存庫、合併程式碼，以及建立互不影響的程式碼分支。Git 有助於「複製」本書的範例程式碼儲存庫，讓您直接複製範例程式碼的資料夾。依據您的作業系統不同，有可能已安裝 Git。在終端機視窗中輸入：

```
$ git --version
```

如果傳回號碼，恭喜——您已準備就緒！否則，請前往 *git-scm.com* 安裝 Git，或使用 Homebrew（macOS）。完成安裝步驟後，再次在終端機中輸入 **git --version** 以確認是否成功。

Expo

Expo 是一種工具鏈，可透過 React Native 簡化 iOS 和 Android 專案的啟動和開發。我們必須安裝 Expo 命令列工具，並且選擇性（但建議）安裝 iOS 或 Android 版 Expo 應用程式。本書的行動應用程式部分有更詳細的介紹，但如果您想要搶先一步，請前往 *expo.io* 深入瞭解。若要安裝命令列工具，請在終端機中輸入：

```
npm install -g expo-cli
```

使用 **-g** 全域旗標將使 **expo-cli** 工具全域可用於電腦的 Node.js 安裝。

若要安裝 Expo 行動應用程式，請前往裝置上的 Apple App Store 或 Google Play 商店。

Prettier

Prettier 是一種程式碼格式化工具，可支援多種語言，包括 JavaScript、HTML、CSS、GraphQL、Markdown。它讓我們得以輕鬆遵循基本的格式化規則，執行 Prettier 命令時，會自動將程式碼格式化以遵循標準最佳做法。更棒的是，您可以將編輯器配置成在每次儲存檔案時自動執行此操作。因此，專案再也不會有空格不一致和引號混合等問題。

建議在電腦上全域安裝 Prettier 並為編輯器配置外掛程式。若要全域安裝 Prettier，請前往命令列並輸入：

```
npm install -g prettier
```

安裝 Prettier 後，請前往 *Prettier.io* 尋找適用於文字編輯器的外掛程式。安裝編輯器外掛
程式後，建議在編輯器的設定檔中加入以下設定：

```
"editor.formatOnSave": true,
"prettier.requireConfig": true
```

只要 *.prettierrc* 組態檔在專案中，這些設定就會在儲存時自動將檔案格式化。*.prettierrc*
檔案指定 Prettier 要遵循的選項。只要該檔案存在，編輯器就會自動將程式碼重新格式
化以符合專案的慣例。本書中的每個專案都將包含 *.prettierrc* 檔案。

ESLint

ESLint 是適用於 JavaScript 的程式碼檢測工具。檢測工具與 Prettier 等格式化工具不
同，檢測工具也會檢查程式碼品質規則，例如未使用的變數、無限迴圈，以及在回傳後
失效的不可及程式碼。和 Prettier 一樣，建議為您愛用的文字編輯器安裝 ESLint 外掛程
式。這將在您編寫程式碼時即時提醒您修正錯誤。您可以在 ESLint 網站（*https://oreil.ly/
H3Zao*）上找到編輯器外掛程式的清單。

如同 Prettier，專案可在 *.eslintrc* 檔案中指定要遵循的 ESLint 規則。這讓專案維護人員
能夠對程式碼偏好進行精細控制，並且自動強制執行編碼標準。本書中的每個專案都將
包含實用但寬容的 ESLint 規則，目的是協助您避免常犯的錯誤。

修飾外觀

這屬於選擇性的工作，但我發現當我的設定賞心悅目，我會更喜歡程式設計。我忍不
住；我有藝術學位。請花一些時間試試不同的顏色主題和字型。我個人很喜歡吸血鬼主
題（*https://draculatheme.com*），它是適用於幾乎所有文字編輯器和終端機的顏色主題，
以及 Adobe 的 Source Code Pro 字型（*https://oreil.ly/PktVn*）。

結論

在本章中，我們在電腦上建立有效且靈活的 JavaScript 開發環境。將環境個人化是程式
設計的最大樂趣之一。建議您試用各種主題、顏色和工具來創造獨特的環境。在下一章
中，我們將開發 API 應用程式，使此環境開始運作。

## 第二章

API 簡介

想像一下，您在一家在地小餐廳點了一份三明治。服務生將您點的餐寫在紙條上並交給廚師。廚師看過紙條，取出食材來製作三明治，將三明治交給服務生。然後服務生將三明治端給您享用。如果您想吃甜點，則重複此過程。

應用程式設計介面（API）是讓電腦程式彼此互動的規範集合。網頁 API 的運作方式與點餐幾乎相同。用戶端要求一些資料，該資料透過超文字傳輸協定（HTTP）傳輸至網頁伺服器應用程式，網頁伺服器應用程式接受要求並處理資料，然後透過 HTTP 將資料傳送至用戶端。

在本章中，我們將探討廣泛的網頁 API 主題，並將起始 API 專案複製到本機電腦以開始開發。但開始之前，先看看我們要建構的應用程式有哪些要求。

建構內容

在本書中，我們將建構名稱為 Notedly 的社交註記應用程式。使用者能夠建立帳戶、以純文字或 Markdown 編寫註記、對註記進行編輯、檢視其他使用者的註記摘要，以及將其他使用者的註記加入「我的最愛」。在本書的此部分中，我們將開發支援此應用程式的 API。

在我們的 API 中：

- 使用者能夠建立註記，以及讀取、更新和刪除他們建立的註記。

- 使用者能夠檢視其他使用者建立的註記摘要並讀取其他人建立的個別註記，但無法加以更新或刪除。

- 使用者能夠建立帳戶、登入和登出。

- 使用者能夠擷取其個人檔案資訊以及其他使用者的公開個人檔案資訊。

- 使用者能夠將其他使用者的註記加入我的最愛以及擷取我的最愛清單。

Markdown

Markdown 是熱門的文字標記語言，在程式設計社群以及 iA Writer、Ulysses、Byword 等文字應用程式中很常見。欲深入瞭解 Markdown，請參考 Markdown Guide 網站（ *https:// www.markdownguide.org* ）。

雖然聽起來很多，但在本書的此部分中，我將它分成幾個小區塊。學會如何執行此類互動後，您就能加以應用，建構各種 API。

建構方式

為了建構 API，我們將使用 GraphQL API 查詢語言（ *https://graphql.org* ）。GraphQL 是一種開放原始碼規範，最初由 Facebook 於 2012 年開發。GraphQL 的優勢在於允許用戶端確切地要求所需資料，大幅簡化並限制要求的數量。這也在我們傳送資料至行動用戶端時提供明顯的效能優勢，因為我們只需要傳送用戶端所需的資料。本書將探討如何編寫、開發和使用 GraphQL API。

那 *REST* 呢？

如果您熟悉網頁 API 技術，那麼您可能聽過 REST（具象狀態傳輸）API。REST 架構一直（並且繼續）是 API 的主要格式。這些 API 與 GraphQL 的不同之處，是它們仰賴 URL 結構和查詢參數來向伺服器提出要求。雖然 REST 仍然重要，但 GraphQL 的簡單性、GraphQL 相關工具的穩健性以及透過線路傳送有限資料的潛在效能增益，使 GraphQL 成為我偏好的現代平台。

開始動工

開始開發之前，必須將專案起始檔案複製到電腦。專案的原始碼（*https://oreil.ly/mYKmE*）包含開發應用程式所需的所有指令碼和第三方函式庫參考。為了將程式碼複製到本機電腦，請開啟終端機，前往用來儲存專案的目錄，對專案儲存庫進行 **git clone**，並使用 **npm install** 安裝相依性。您也可以建立 *notedly* 目錄以整理本書的所有程式碼：

```
$ cd Projects
$ mkdir notedly && cd notedly
$ git clone git@github.com:javascripteverywhere/api.git
$ cd api
$ npm install
```

 安裝第三方相依性

只要複製本書的入門程式碼並在目錄中執行 npm install，就不必為任何個別第三方相依性再次執行 npm install。

程式碼的結構如下：

/src

您應遵循本書在此目錄中進行開發。

/solutions

此目錄包含各章的解決方案。如果您遇到問題，這些可以供您參考。

/final

此目錄包含最終有效專案。

現在本機電腦上已有程式碼，接著必須複製專案的 *.env* 檔案。此檔案用來保存環境相關資訊或專案機密，例如資料庫 URL、用戶端 ID 和密碼。因此，切勿將它提交至原始碼控制。您需要自己的 *.env* 檔案複本，所以請在終端機中從 *api* 目錄輸入：

```
cp .env.example .env
```

現在，您應會在目錄中看到一個 *.env* 檔案。目前不必對此檔案做任何事，但隨著我們繼續開發 API 後端，之後將在其中加入資訊。專案隨附的 *.gitignore* 檔案將確保您不會不慎提交 *.env* 檔案。

求救，我沒看到 *.env* 檔案！

預設情況下，作業系統會隱藏以句號開頭的檔案，因為這些檔案通常由系統使用，而不是給終端使用者使用。如果沒看到 *.env* 檔案，請嘗試在文字編輯器中開啟目錄。在編輯器的檔案瀏覽器中應可看見檔案。或者，在終端機視窗中輸入 1s -a，將會列出目前所在目錄中的檔案。

結論

API 提供讓資料從資料庫流向應用程式的介面。因此，它們是現代應用程式的骨幹。利用 GraphQL，我們可以快速開發可擴充並以 API 為基礎的現代應用程式。在下一章中，我們將開始 API 的開發，使用 Node.js 和 Express 來建構網頁伺服器。

## 第三章

使用 Node 和 Express 的
網頁應用程式

建置 API 之前，我們將建構基本的伺服器端網頁應用程式以做為 API 後端的基礎。我們將使用 Express.js 框架（*https://expressjs.com*），它是「適用於 Node.js 的極簡網頁框架」，這表示它的功能不多，但可配置性極高。我們將使用 Express.js 做為 API 伺服器的基礎，但 Express 也可用來建構功能齊全的伺服器端網頁應用程式。

網站和行動應用程式等使用者介面會在必須存取資料時與網頁伺服器通訊。這些可能是任何資料，從在網頁瀏覽器中轉譯頁面所需的 HTML 到使用者的搜尋結果不等。用戶端介面使用 HTTP 與伺服器通訊、資料要求透過 HTTP 從用戶端傳送到在伺服器上執行的網頁應用程式，而網頁應用程式隨後處理要求並將資料回傳至用戶端，同樣也是透過 HTTP。

在本章中，我們將建構一個小型伺服器端網頁應用程式，以做為 API 的基礎。我們將使用 Express.js 框架建構傳送基本要求的簡單網頁應用程式。

Hello World

既然您已瞭解伺服器端網頁應用程式的基礎知識，我們現在就開始吧！在 API 專案的 *src* 目錄中，建立名稱為 *index.js* 的檔案並加入：

```
const express = require('express');
const app = express();
```

```
app.get('/', (req, res) => res.send('Hello World'));

app.listen(4000, () => console.log('Listening on port 4000!'));
```

在此例中，首先我們需要 express 相依性，並使用匯入的 Express.js 模組建立 app 物件。然後，使用 app 物件的 get 方法指示應用程式在使用者存取根 URL（/）時傳送「Hello World」回應。最後，我們指示應用程式在連接埠 4000 上執行。如此一來，即可在 URL *http://localhost:4000* 從本機檢視應用程式。

接著要執行應用程式，請在終端機中輸入 **node src/index.js**。之後，應在終端機中看到顯示 Listening on port 4000! 的紀錄。在此情況下，您應能開啟瀏覽器視窗前往 *http://localhost:4000* 並看到圖 3-1 中的結果。

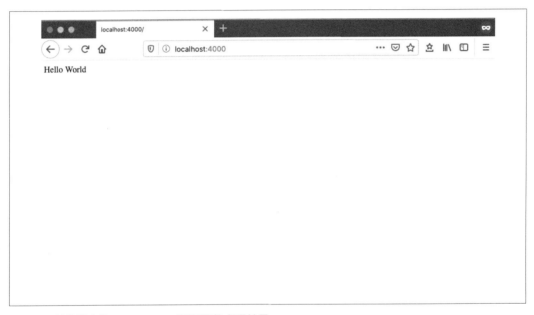

圖 3-1　瀏覽器中的 Hello World 伺服器程式碼結果

Nodemon

現在，假設此例的輸出未充分表達我們的興奮之情。我們要變更程式碼，在回應中加入驚嘆號。直接將 res.send 值改為顯示 Hello World!!!。完整的程式碼現在應該是：

```
app.get('/', (req, res) => res.send('Hello World!!!'));
```

如果移到網頁瀏覽器並重新整理頁面，您會發現輸出沒有改變。這是因為只要對網頁伺服器做任何變更，都必須重新啟動。因此，請切換回終端機並按 Ctrl + C 停止伺服器。接著，再次輸入 **node index.js** 以重新啟動。現在，回到瀏覽器並重新整理頁面時，應可看到更新後的回應。

您可以想像，每次變更都要停止並重新啟動伺服器很快就會變得令人厭煩。幸好，我們可以使用 Node 套件 nodemon 在變更時自動重新啟動伺服器。如果查看專案的 *package.json* 檔案，您會在 scripts 物件中看到 dev 命令，該命令指示 nodemon 監視 *index.js* 檔案：

```
"scripts": {
  ...
  "dev": "nodemon src/index.js"
  ...
}
```

package.json 指令碼

scripts 物件中有一些其他輔助命令。我們將在之後的章節中探討。

現在要從終端機啟動應用程式，請輸入：

```
npm run dev
```

移到瀏覽器並重新整理頁面，您會發現一切不變。為了確認 nodemon 自動重新啟動伺服器，我們再次更新 res.send 值，使其顯示：

```
res.send('Hello Web Server!!!')
```

現在應能在瀏覽器中重新整理頁面並看到更新，而不必手動重新啟動伺服器。

延伸連接埠選項

目前，我們的應用程式在連接埠 4000 上執行。這非常適合本機開發，但部署應用程式時，我們需要靈活的將此設為其他埠號。我們現在採取以下步驟來進行更新。首先加入 port 變數：

```
const port = process.env.PORT || 4000;
```

此變更讓我們得以在 Node 環境中動態設定連接埠，但在未指定連接埠時切換回連接埠 4000。接著，調整 app.listen 程式碼以適應此變更，並使用範本常值來記錄正確的連接埠：

```
app.listen(port, () =>
  console.log(`Server running at http://localhost:${port}`)
);
```

最終程式碼現在應為：

```
const express = require('express');

const app = express();
const port = process.env.PORT || 4000;

app.get('/', (req, res) => res.send('Hello World!!!'));

app.listen(port, () =>
  console.log(`Server running at http://localhost:${port}`)
);
```

我們現在已瞭解讓網頁伺服器程式碼開始運作的基礎知識。若要測試一切是否正常，請確認主控台中沒有錯誤，並在 *http://localhost:4000* 重新載入網頁瀏覽器。

結論

伺服器端網頁應用程式是 API 開發的基礎。在本章中，我們使用 Express.js 框架建構了基本的網頁應用程式。開發以 Node 為基礎的網頁應用程式時，有各種框架和工具可供選擇。Express.js 是很好的選擇，因為它具備靈活性、社群支援以及做為專案的成熟度。在下一章中，我們要將網頁應用程式變成 API。

## 第四章

第一個 GraphQL API

如果您在閱讀本文，表示您是一個人。人有許多興趣和愛好，還有家人、朋友、熟人、同學和同事。人也有自己的社交關係、興趣和愛好。某些關係和興趣重疊，某些則未重疊。總而言之，每個人都有由生活中的人們構成的連通圖。

此類互連資料正是 GraphQL 最初要解決的 API 開發挑戰。透過編寫 GraphQL API，我們能夠有效率地連接資料，進而降低要求的複雜性和數量，同時確切地為用戶端提供所需資料。

這聽起來是否對註記應用程式來說有點過頭？也許吧，但您會發現，GraphQL JavaScript 生態系統提供的工具和技術都能實現和簡化各種類型的 API 開發。

在本章中，我們將使用 apollo-server-express 套件建構 GraphQL API。因此，我們將探討基本的 GraphQL 主題、編寫 GraphQL 結構描述、開發程式碼以解析結構描述函式，並使用 GraphQL Playground 使用者介面存取 API。

將伺服器變成 API（類似）

我們開始 API 開發，使用 apollo-server-express 套件將 Express 伺服器變成 GraphQL 伺服器。Apollo Server（*https://oreil.ly/1fNt3*）是一種開放原始碼 GraphQL 伺服器函式庫，與大量的 Node.js 伺服器框架相容，包括 Express、Connect、Hapi 和 Koa。它讓我們能夠從 Node.js 應用程式提供資料以做為 GraphQL API，並且提供實用工具，例如 GraphQL Playground，這是在開發中用於處理 API 的視覺輔助工具。

為了編寫 API，我們將修改在上一章中編寫的網頁應用程式碼。首先加入 apollo-server-express 套件。請在 *src/index.js* 檔案的最上方加入：

```
const { ApolloServer, gql } = require('apollo-server-express');
```

我們已匯入 apollo-server，接著要建立基本的 GraphQL 應用程式。GraphQL 應用程式由兩個主要元件組成：類型定義的結構描述和解析程式，後者解析對資料執行的查詢和變動。如果這聽起來像是廢話，沒關係。我們將建置「Hello World」API 回應，並在整個 API 開發過程中進一步探討這些 GraphQL 主題。

首先，建立基本的結構描述，將它儲存在稱為 type Defs 的變數中。此結構描述將描述名稱為 hello 的單一 Query，它將回傳一個字串：

```
// 使用 GraphQL 結構描述語言建立結構描述
const typeDefs = gql`
  type Query {
    hello: String
  }
`;
```

現在我們已建立結構描述，我們可以加入解析程式，將值回傳給使用者。這將是回傳字串「Hello world!」的簡單函式：

```
// 為結構描述欄位提供解析程式函式
const resolvers = {
  Query: {
    hello: () => 'Hello world!'
  }
};
```

最後，我們將整合 Apollo Server 以提供 GraphQL API。為此，我們將增加一些 Apollo Server 專用設定和中介軟體並更新 app.listen 程式碼：

```
// Apollo Server 設定
const server = new ApolloServer({ typeDefs, resolvers });

// 套用 Apollo GraphQL 中介軟體並將路徑設為 /api
server.applyMiddleware({ app, path: '/api' });

app.listen({ port }, () =>
  console.log(
    `GraphQL Server running at http://localhost:${port}${server.graphqlPath}`
  )
);
```

綜合以上所述，*src/index.js* 檔案現在應該像這樣：

```
const express = require('express');
const { ApolloServer, gql } = require('apollo-server-express');

// 在 .env 檔案中指定的連接埠或連接埠 4000 上執行伺服器
const port = process.env.PORT || 4000;

// 使用 GraphQL 的結構描述語言建構結構描述
const typeDefs = gql`
  type Query {
    hello: String
  }
`;

// 為結構描述欄位提供解析程式函式
const resolvers = {
  Query: {
    hello: () => 'Hello world!'
  }
};

const app = express();

// Apollo Server 設定
const server = new ApolloServer({ typeDefs, resolvers });

// 套用 Apollo GraphQL 中介軟體並將路徑設為 /api
server.applyMiddleware({ app, path: '/api' });

app.listen({ port }, () =>
  console.log(
    `GraphQL Server running at http://localhost:${port}${server.graphqlPath}`
  )
);
```

如果您讓 nodemon 程序保持執行狀態，則可直接前往瀏覽器；否則，必須在終端機應用程式中輸入 npm run dev 以啟動伺服器。然後前往 *http://localhost:4000/api*，您會在其中看到 GraphQL Playground（圖 4-1）。此網頁應用程式隨附於 Apollo Server，是使用 GraphQL 的一大好處。您可以從此處執行 GraphQL 查詢和變動並查看結果。您也可以按一下結構描述索引標籤以存取為 API 自動建立的文件。

圖 4-1　GraphQL Playground

 GraphQL Playground 採用深色的預設語法主題。在本書中，我將使用
「淺色」主題以提高對比。請按一下齒輪圖示，在 GraphQL Playground
的設定中配置主題。

我們現在可以針對 GraphQL API 編寫查詢。為此，請在 GraphQL Playground 中輸入：

```
query {
  hello
}
```

按一下播放按鈕時，查詢應回傳以下內容（圖 4-2）：

```
{
  "data": {
    "hello": "Hello world!"
  }
}
```

圖 4-2　hello 查詢

好了！我們已透過 GraphQL Playground 存取有效的 GraphQL API。API 接受 hello 查詢並回傳字串 Hello world!。更重要的是，我們現在有了建構功能齊全的 API 所需的結構。

GraphQL 基礎知識

在上一節中，我們已探討並開發第一個 API，但讓我們花一些時間來回顧一下 GraphQL API 的不同部分。GraphQL API 的兩個主要構件是**結構描述**和**解析程式**。只要瞭解這兩個元件，就能更有效地將它們應用在 API 設計和開發。

結構描述

結構描述是資料和互動的書面表示法。透過要求結構描述，GraphQL 對 API 實施嚴格的計畫。這是因為 API 只能根據結構描述的定義來回傳資料和執行互動。

GraphQL 結構描述的基本元件是物件類型。在上一個例子中，我們建立了 GraphQL 物件類型 Query，欄位是 hello，回傳的純量類型是 String。GraphQL 包含五種內建純量類型：

String

採用 UTF-8 字元編碼的字串

Boolean

真假值

Int

32 位元整數

Float

浮點值

ID

唯一識別碼

透過這些基本元件，我們可以為 API 建立結構描述。首先定義類型。假設我們要為披薩菜單建立 API。我們可以定義 GraphQL 結構描述類型 Pizza，如下所示：

```
type Pizza {
}
```

每個披薩都有唯一 ID、大小（例如小、中、大）、片數和選用配料。Pizza 結構描述可能像這樣：

```
type Pizza {
  id: ID
  size: String
  slices: Int
  toppings: [String]
}
```

在此結構描述中，某些欄位值為必要值（例如 ID、大小、片數），其他則是選用值（例如配料）。我們可以使用驚嘆號來表示欄位必須包含值。我們更新結構描述以表示必要值：

```
type Pizza {
  id: ID!
  size: String!
  slices: Int!
  toppings: [String]
}
```

在本書中，我們將編寫基本結構描述，這將讓我們能夠執行常見 API 中絕大多數的操作。如果想要探索所有 GraphQL 結構描述選項，建議您閱讀 GraphQL 結構描述文件（*https://oreil.ly/DPT8C*）。

解析程式

GraphQL API 的第二個部分是解析程式。顧名思義，解析程式的用途是解析 API 使用者要求的資料。我們將編寫解析程式，首先在結構描述中加以定義，然後在 JavaScript 程式碼中建置邏輯。我們的 API 將包含兩種解析程式：查詢和變動。

查詢

查詢以所需格式從 API 要求特定資料。在我們假設的披薩 API 中，我們可以編寫將回傳菜單上披薩完整清單的查詢，以及另一個將回傳單一披薩詳細資訊的查詢。查詢隨後將回傳物件，包含 API 使用者要求的資料。查詢決不會修改資料，只會存取資料。

變動

要修改 API 中的資料時，我們使用變動。在披薩例子中，我們可以編寫變更披薩配料的變動，以及另一個讓我們調整片數的變動。如同查詢，變動也將以物件形式回傳結果，通常是所執行操作的最終結果。

調整 API

您已充分瞭解 GraphQL 的元件，接著要為註記應用程式調整初始 API 程式碼。首先，我們將編寫一些程式碼來讀取和建立註記。

首先需要一些資料供 API 處理。我們建立「註記」物件陣列，以做為 API 提供的基本資料。隨著專案進展，我們會將此記憶體中的資料表示法換成資料庫。目前，我們將資料儲存在名稱為 notes 的變數中。陣列中的每個註記都是具有 id、content、author 三個屬性的物件：

```
let notes = [
  { id: '1', content: 'This is a note', author: 'Adam Scott' },
  { id: '2', content: 'This is another note', author: 'Harlow Everly' },
  { id: '3', content: 'Oh hey look, another note!', author: 'Riley Harrison' }
];
```

我們已取得一些資料,接著要調整 GraphQL API 以處理資料。首先來看看我們的結構描述。我們的結構描述是資料及其互動方式的 GraphQL 表示法。我們知道會有註記,這些註記將被查詢和變動。這些註記目前包含 ID、內容和作者欄位。我們在 typeDefs GraphQL 結構描述中建立對應的註記類型。這將在 API 中表示註記的屬性:

```
type Note {
  id: ID!
  content: String!
  author: String!
}
```

接著加入查詢,以便擷取所有註記的清單。我們更新 Query 類型以加入 notes 查詢,它將回傳註記物件的陣列:

```
type Query {
  hello: String!
  notes: [Note!]!
}
```

現在,我們可以更新解析程式碼以執行回傳資料陣列的工作。我們更新 Query 程式碼以加入以下 notes 解析程式,它將回傳原始資料物件:

```
Query: {
    hello: () => 'Hello world!',
    notes: () => notes
  },
```

如果現在前往在 *http://localhost:4000/api* 執行的 GraphQL Playground,就可以測試 notes 查詢。請輸入以下查詢:

```
query {
  notes {
    id
    content
    author
  }
}
```

隨後，按一下播放按鈕時，應看到回傳 data 物件，其中包含資料陣列（圖 4-3）。

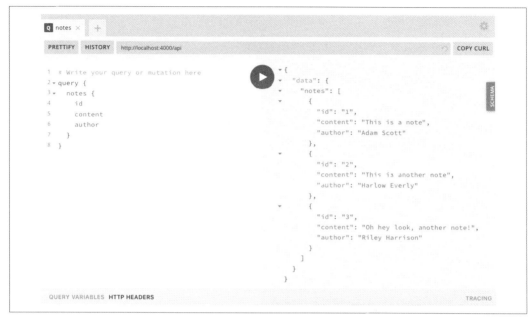

圖 4-3　notes 查詢

GraphQL 最酷的一點是，我們可以移除我們要求的任何欄位，例如 id 或 author。此時，API 會確切地回傳我們要求的資料。這讓使用資料的用戶端得以控制在各個要求中傳送的資料量，並將該資料限制在所需範圍內（圖 4-4）。

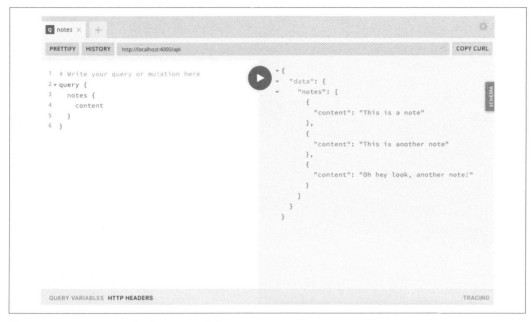

圖 4-4　只要求 content 資料的 notes 查詢

我們現在可以查詢註記的完整清單，接著編寫一些程式碼，以便查詢單一註記。您可以從使用者介面的觀點想像其實用性，顯示包含單一特定註記的畫面。為此，我們必須要求具有特定 id 值的註記。我們必須在 GraphQL 結構描述中使用引數。引數允許 API 使用者將特定的值傳遞給解析程式函式，提供解析所需的資訊。我們來新增一個 note 查詢，它將使用 id 引數，類型為 ID。我們在 typeDefs 中更新 Query 物件，加入新的 note 查詢：

```
type Query {
  hello: String
  notes: [Note!]!
  note(id: ID!): Note!
}
```

更新結構描述後，我們可以編寫查詢解析程式以回傳要求的註記。為此，我們必須能夠讀取 API 使用者的引數值。幸好，Apollo Server 可傳遞以下實用參數給解析程式函式：

parent

　　父查詢的結果，在進行巢狀查詢時很實用。

args

這些是使用者在查詢中傳遞的參數。

context

從伺服器應用程式傳遞到解析程式函式的資訊。這可能包括目前使用者或資料庫資訊等等。

info

關於查詢本身的資訊。

我們將視需要在程式碼中進一步探索這些參數。如果感到好奇，您可以在 Apollo Server 文件（*https://oreil.ly/l6mL4*）中深入瞭解這些參數。目前，我們只需要第二個參數 `args` 中包含的資訊。

`note` 查詢將使用註記 `id` 做為引數並且在 `note` 物件陣列中尋找。請在查詢解析程式碼中加入：

```
note: (parent, args) => {
  return notes.find(note => note.id === args.id);
}
```

解析程式碼現在應如下所示：

```
const resolvers = {
  Query: {
    hello: () => 'Hello world!',
    notes: () => notes,
    note: (parent, args) => {
      return notes.find(note => note.id === args.id);
    }
  }
};
```

為了執行查詢，我們回到網頁瀏覽器並前往 GraphQL Playground：*http://localhost:4000/api*。我們現在可以查詢具有特定 `id` 的註記，如下所示：

```
query {
  note(id: "1") {
    id
    content
    author
  }
}
```

執行此查詢時，得到的結果應是具有要求之 id 值的註記。如果嘗試查詢不存在的註記，應會得到值為 null 的結果。為了進行測試，請嘗試變更 id 值以回傳不同的結果。

讓我們導入使用 GraphQL 變動建立新註記的功能來完成初始 API 程式碼。在該變動中，使用者將傳遞註記的內容。現在，我們將對註記作者進行硬編碼。首先，用 Mutation 類型更新 typeDefs 結構描述，我們將稱之為 newNote：

```
type Mutation {
  newNote(content: String!): Note!
}
```

接著編寫變動解析程式，它將接收註記內容做為引數、將註記儲存為物件，並且在記憶體中將其新增至 notes 陣列。為此，我們將新增 Mutation 物件至解析程式。在 Mutation 物件中，我們將新增稱為 newNote 的函式，它包含了 parent 和 args 參數。在此函式中，我們將取得引數 content 並建立具有 id、content 和 author 機碼的物件。您可能已發現，這與目前的註記結構描述相符。我們隨後會將此物件推送至 notes 陣列並回傳物件。回傳物件允許 GraphQL 變動以預定格式接收回應。請編寫以下程式碼：

```
Mutation: {
  newNote: (parent, args) => {
    let noteValue = {
      id: String(notes.length + 1),
      content: args.content,
      author: 'Adam Scott'
    };
    notes.push(noteValue);
    return noteValue;
  }
}
```

src/index.js 檔案現在如下所示：

```
const express = require('express');
const { ApolloServer, gql } = require('apollo-server-express');

// 在 .env 檔案中指定的連接埠或連接埠 4000 上執行伺服器
const port = process.env.PORT || 4000;

let notes = [
  { id: '1', content: 'This is a note', author: 'Adam Scott' },
  { id: '2', content: 'This is another note', author: 'Harlow Everly' },
  { id: '3', content: 'Oh hey look, another note!', author: 'Riley Harrison' }
];
```

```
// 使用 GraphQL 的結構描述語言建構結構描述
const typeDefs = gql`
  type Note {
    id: ID!
    content: String!
    author: String!
  }

  type Query {
    hello: String
    notes: [Note!]!
    note(id: ID!): Note!
  }

  type Mutation {
    newNote(content: String!): Note!
  }
`;

// 為結構描述欄位提供解析程式函式
const resolvers = {
  Query: {
    hello: () => 'Hello world!',
    notes: () => notes,
    note: (parent, args) => {
      return notes.find(note => note.id === args.id);
    }
  },
  Mutation: {
    newNote: (parent, args) => {
      let noteValue = {
        id: String(notes.length + 1),
        content: args.content,
        author: 'Adam Scott'
      };
      notes.push(noteValue);
      return noteValue;
    }
  }
};

const app = express();

// Apollo Server 設定
const server = new ApolloServer({ typeDefs, resolvers });
```

```
// 套用 Apollo GraphQL 中介軟體並將路徑設為 /api
server.applyMiddleware({ app, path: '/api' });

app.listen({ port }, () =>
  console.log(
    `GraphQL Server running at http://localhost:${port}${server.graphqlPath}`
  )
);
```

更新結構描述和解析程式以接受變動後，我們在 GraphQL Playground 中測試看看：*http://localhost:4000/api*。在 Playground 中，按一下 + 符號建立新的索引標籤並編寫變動：

```
mutation {
  newNote (content: "This is a mutant note!") {
    content
    id
    author
  }
}
```

按一下播放按鈕時，會得到包含新註記的內容、ID 和作者的回應。您也可以重新執行 notes 查詢以檢查變動是否有效。為此，請切換回包含該查詢的 GraphQL Playground 索引標籤，或輸入：

```
query {
  notes {
    content
    id
    author
  }
}
```

此查詢執行時，應看到四個註記，包括最近新增的註記。

資料儲存

我們目前將資料儲存在記憶體中。因此，每當重新啟動伺服器，就會遺失資料。在下一章中，我們將使用資料庫來保存資料。

我們已成功建置查詢和變動解析程式並且在 GraphQL Playground 使用者介面中進行測試。

結論

在本章中，我們使用 `apollo-server-express` 模組成功建構了 GraphQL API。我們現在可以對記憶體中資料物件執行查詢和變動。此設定提供用來建構任何 API 的穩固基礎。在下一章中，我們將探討使用資料庫來保存資料的能力。

## 第五章

資料庫

我小時候喜歡收集各種類型的球員卡。收集卡片的重點在於整理卡片。我把明星球員卡放在一個盒子中，有一整個盒子專門用來收藏籃球巨星 Michael Jordan 的卡片，其餘卡片依運動分類，再依球隊細分。這種整理方法讓我能夠安全地保存卡片，並且隨時都能輕鬆找到我要找的卡片。我當時還不懂，但像這樣的保存系統等同於資料庫。基本上，資料庫可讓我們儲存資訊並在日後擷取資訊。

剛開始接觸網頁開發時，我覺得資料庫很棘手。我必須依照說明執行資料庫並輸入難懂的 SQL 命令，感覺就像是我無法理解的另一個抽象層次。幸好，我最後克服障礙並且不再畏懼 SQL 表連接，如果您的程度和當時的我一樣，希望您知道，搞懂資料庫的世界是有可能的。

在本書中，我們將使用 MongoDB（*https://www.mongodb.com*）做為首選資料庫。我之所以選擇 Mongo 是因為它是 Node.js 生態系統中的熱門選擇，也是適合任何新手入門的資料庫。Mongo 將資料儲存在運作方式與 JavaScript 物件類似的「文件」中。因此，我們能夠以任何 JavaScript 開發人員都熟悉的格式編寫和擷取資訊。但如果您特別偏好某個資料庫（例如 PostgreSQL），本書所涵蓋的主題只要稍微修改即可套用在任何類型的系統。

使用 Mongo 之前，我們必須確保 MongoDB 伺服器在本機執行。在整個開發過程中都必須確保這一點。請遵照第 1 章中的說明。

開始使用 MongoDB

在 Mongo 執行中的情況下，讓我們探討如何使用 Mongo 殼層直接從終端機與 Mongo 互動。首先輸入 mongo 命令以開啟 MongoDB 殼層：

```
$ mongo
```

執行此命令後，將會看到關於 MongoDB 殼層、本機伺服器連線的資訊以及一些其他資訊顯示在終端機上。我們現在可以從終端機應用程式中直接與 MongoDB 互動。我們可以透過 use 命令建立資料庫並且切換至新的資料庫。讓我們來建立稱為 learning 的資料庫：

```
$ use learning
```

本章開頭提到過，我小時候收集卡片時，是把卡片整理好放在不同的盒子中。MongoDB 採用相同的概念，稱為**集合**。我們將類似的文件聚集在同一個集合中。例如，部落格應用程式可能有貼文、使用者以及評論的集合。如果把集合比作 JavaScript 物件，則集合就是最上層物件，文件則是其中的個別物件。呈現方式如下：

```
collection: {
  document: {},
  document: {},
  document: {}.
  ...
}
```

掌握這些資訊後，我們在 learning 資料庫的集合中建立文件。我們將建立 pizza 集合，在其中儲存披薩類型的文件。在 MongoDB 殼層中輸入：

```
$ db.pizza.save({ type: "Cheese" })
```

如果成功，應看到回傳的結果如下：

```
WriteResult({ "nInserted" : 1 })
```

我們也可以一次將多個項目寫入資料庫：

```
$ db.pizza.save([{type: "Veggie"}, {type: "Olive"}])
```

我們已將一些文件寫入資料庫，接著要擷取文件。為此，我們將使用 MongoDB 的 find 方法。為了查看集合中的所有文件，執行具有空參數的 find 命令：

```
$ db.pizza.find()
```

現在，我們應會在資料庫中看到三個項目。除了儲存資料之外，MongoDB 也會自動分配唯一 ID 給各個項目。結果應該像這樣：

```
{ "_id" : ObjectId("5c7528b223ab40938c7dc536"), "type" : "Cheese" }
{ "_id" : ObjectId("5c7529fa23ab40938c7dc53e"), "type" : "Veggie" }
{ "_id" : ObjectId("5c7529fa23ab40938c7dc53f"), "type" : "Olive" }
```

我們也可以透過屬性值以及 Mongo 分配的 ID 尋找個別文件：

```
$ db.pizza.find({ type: "Cheese" })
$ db.pizza.find({ _id: ObjectId("A DOCUMENT ID HERE") })
```

除了尋找文件之外，也要能夠更新文件。我們可以使用 Mongo 的 update 方法，其接受的第一個參數是要變更的文件，第二個參數是對該文件的變更。我們將 Veggie 披薩更新成 Mushroom 披薩：

```
$ db.pizza.update({ type: "Veggie" }, { type: "Mushroom" })
```

現在，如果執行 db.pizza.find()，應會看到文件已更新：

```
{ "_id" : ObjectId("5c7528b223ab40938c7dc536"), "type" : "Cheese" }
{ "_id" : ObjectId("5c7529fa23ab40938c7dc53e"), "type" : "Mushroom" }
{ "_id" : ObjectId("5c7529fa23ab40938c7dc53f"), "type" : "Olive" }
```

如同更新文件，我們也可以使用 Mongo 的 remove 方法來移除文件。我們將蘑菇披薩從資料庫中移除：

```
$ db.pizza.remove({ type: "Mushroom" })
```

現在如果執行 db.pizza.find() 查詢，則只會在集合中看到兩個項目。如果我們決定不再加入任何資料，則可在沒有空物件參數的情況下執行 remove 方法，這將清除整個集合：

```
$ db.pizza.remove({})
```

我們已成功使用 MongoDB 殼層建立資料庫、新增文件至集合、更新文件以及移除文件。這些基本的資料庫操作將在我們將資料庫整合至專案時提供穩固的基礎。在開發中，我們也可以使用 MongoDB 殼層存取資料庫。這對除錯、手動移除或更新項目等任務很有幫助。

將 MongoDB 連接至應用程式

您已瞭解如何從殼層使用 MongoDB，接著要將它連接至 API 應用程式。為此，我們將使用 Mongoose Object Document Mapper（ODM）（*https://mongoosejs.com*）。Mongoose 函式庫可簡化在 Node.js 應用程式中使用 MongoDB 的過程，它使用以結構描述為基礎的模型化解決方案，可減少並簡化樣板程式碼。對，您沒看錯——又是結構描述！您會發現，在定義資料庫結構描述後，透過 Mongoose 使用 MongoDB 與我們在 Mongo 殼層中編寫的命令類型相似。

首先，必須用本機資料庫的 URL 更新 *.env* 檔案。如此一來，我們就能在任何環境（例如本機開發和生產）中設定資料庫 URL。本機 MongoDB 伺服器的預設 URL 是 *mongodb://localhost:27017*，我們將在其中加入資料庫名稱。所以，在 *.env* 檔案中，我們將使用 Mongo 資料庫執行個體的 URL 設定 DB_HOST 變數，如下所示：

```
DB_HOST=mongodb://localhost:27017/notedly
```

在應用程式中使用資料庫的下一步是連線。我們來編寫一些程式法，在啟動時將應用程式連接至資料庫。首先，在 *src* 目錄中建立名稱為 *db.js* 的新檔案。在 *db.js* 中，我們將編寫資料庫連線程式碼。我們也將加入 close 資料庫連線的函式，這對測試應用程式很有幫助。

在 *src/db.js* 中，輸入：

```
// 要求 mongoose 函式庫
const mongoose = require('mongoose');

module.exports = {
  connect: DB_HOST => {
    // 使用 Mongo 驅動程式更新後的 URL 字串剖析器
    mongoose.set('useNewUrlParser', true);
    // 使用 findOneAndUpdate() 取代 findAndModify()
    mongoose.set('useFindAndModify', false);
    // 使用 createIndex() 取代 ensureIndex()
    mongoose.set('useCreateIndex', true);
    // 使用新的伺服器探索和監控引擎
    mongoose.set('useUnifiedTopology', true);
    // 連接至 DB
    mongoose.connect(DB_HOST);
    // 若連線失敗，則記錄錯誤
    mongoose.connection.on('error', err => {
      console.error(err);
      console.log(
```

```
        'MongoDB connection error. Please make sure MongoDB is running.'
      );
      process.exit();
    });
  },

  close: () => {
    mongoose.connection.close();
  }
};
```

現在要更新 *src/index.js* 以呼叫此連線。首先匯入 *.env* 配置以及 *db.js* 檔案。在匯入中，請在檔案的最上方加入：

```
require('dotenv').config();
const db = require('./db');
```

我要將在 *.env* 檔案中定義的 **DB_HOST** 值儲存為變數。直接在 **port** 變數定義下方加入此變數：

```
const DB_HOST = process.env.DB_HOST;
```

我們隨後可以呼叫連線，方式是在 *src/index.js* 檔案中加入：

```
db.connect(DB_HOST);
```

src/index.js 檔案現在如下所示：

```
const express = require('express');
const { ApolloServer, gql } = require('apollo-server-express');
require('dotenv').config();

const db = require('./db');

// 在 .env 檔案中指定的連接埠或連接埠 4000 上執行伺服器
const port = process.env.PORT || 4000;
// 將 DB_HOST 值儲存為變數
const DB_HOST = process.env.DB_HOST;

let notes = [
  {
    id: '1',
    content: 'This is a note',
    author: 'Adam Scott'
  },
  {
```

```
      id: '2',
      content: 'This is another note',
      author: 'Harlow Everly'
    },
    {
      id: '3',
      content: 'Oh hey look, another note!',
      author: 'Riley Harrison'
    }
  ];

// 使用 GraphQL 的結構描述語言建構結構描述
const typeDefs = gql`
  type Note {
    id: ID
    content: String
    author: String
  }

  type Query {
    hello: String
    notes: [Note]
    note(id: ID): Note
  }

  type Mutation {
    newNote(content: String!): Note
  }
`;

// 為結構描述欄位提供解析程式函式
const resolvers = {
  Query: {
    hello: () => 'Hello world!',
    notes: () => notes,
    note: (parent, args) => {
      return notes.find(note => note.id === args.id);
    }
  },
  Mutation: {
    newNote: (parent, args) => {
      let noteValue = {
        id: notes.length + 1,
        content: args.content,
        author: 'Adam Scott'
      };
```

```
        notes.push(noteValue);
        return noteValue;
      }
    }
};

const app = express();

// 連接至資料庫
db.connect(DB_HOST);

// Apollo Server 設定
const server = new ApolloServer({ typeDefs, resolvers });

// 套用 Apollo GraphQL 中介軟體並將路徑設為 /api
server.applyMiddleware({ app, path: '/api' });

app.listen({ port }, () =>
  console.log(
    `GraphQL Server running at http://localhost:${port}${server.graphqlPath}`
  )
);
```

但實際功能未改變,如果執行 npm run dev,應用程式應會成功連接至資料庫並正常執行。

從應用程式讀寫資料

我們現在可以連接至資料庫,接著編寫從應用程式中讀取和寫入資料所需的程式碼。Mongoose 允許我們定義如何將資料儲存在資料庫中以做為 JavaScript 物件,我們隨後可以儲存並操作適合該模型結構的資料。因此,我們來建立稱為 Mongoose 結構描述的物件。

首先,在 src 目錄中建立名稱為 models 的資料夾以容納該結構描述檔案。在該資料夾中,建立名稱為 note.js 的檔案。在 src/models/note.js 中,先定義檔案的基本設定:

```
// 要求 mongoose 函式庫
const mongoose = require('mongoose');

// 定義註記的資料庫結構描述
const noteSchema = new mongoose.Schema();

// 使用結構描述定義「Note」模型
```

```
const Note = mongoose.model('Note', noteSchema);
// 匯出模組
module.exports = Note;
```

接著，我們將在 noteSchema 變數中定義結構描述。與記憶體中資料的例子相似，結構描述目前包括註記內容以及代表作者的硬編碼字串。我們也將加入為註記加上時間戳記的選項，建立或編輯註記時，將自動儲存時間戳記。我們將繼續在註記結構描述中增加功能。

Mongoose 結構描述的結構如下：

```
// 定義註記的資料庫結構描述
const noteSchema = new mongoose.Schema(
  {
    content: {
      type: String,
      required: true
    },
    author: {
      type: String,
      required: true
    }
  },
  {
    // 使用 Date 類型指派 createdAt 和 updatedAt 欄位
    timestamps: true
  }
);
```

 資料永久性

我們將在開發過程中更新和變更資料模型，有時會從資料庫中移除所有資料。因此，不建議使用此 API 儲存重要資料，例如課堂筆記、朋友生日清單或您喜愛的披薩店地址。

整體 *src/models/note.js* 檔案現在應如下所示：

```
// 要求 mongoose 函式庫
const mongoose = require('mongoose');

// 定義註記的資料庫結構描述
const noteSchema = new mongoose.Schema(
  {
    content: {
```

```
    type: String,
    required: true
  },
  author: {
    type: String,
    required: true
  }
},
{
  // 使用 Date 類型指派 createdAt 和 updatedAt 欄位
  timestamps: true
}
);

// 使用結構描述定義「Note」模型
const Note = mongoose.model('Note', noteSchema);
// 匯出模組
module.exports = Note;
```

為了簡化將模型匯入 Apollo Server Express 應用程式的過程，我們將新增 *index.js* 檔案
至 *src/models* 目錄。這會將模型合併成單一 JavaScript 模組。雖然這並非絕對必要，但
我認為隨著應用程式和資料庫模型同時增長是很好的模式。在 *src/models/index.js* 中，我
們將匯入註記模型並將它加入要匯出的 models 物件中：

```
const Note = require('./note');

const models = {
  Note
};

module.exports = models;
```

我們現在可以將資料庫模型整合至 Apollo Server Express 應用程式碼，方式是將模型匯
入至 *src/index.js* 檔案：

```
const models = require('./models');
```

匯入資料庫模型程式碼後，我們可以調整解析程式以從資料庫儲存和讀取，而不是使用
記憶體中變數。為此，我們將重新編寫 notes 查詢以使用 MongoDB find 方法從資料庫
提取註記：

```
notes: async () => {
  return await models.Note.find();
},
```

在伺服器執行中的情況下，我們可以在瀏覽器中前往 GraphQL Playground 並執行 notes 查詢：

```
query {
  notes {
    content
    id
    author
  }
}
```

預期結果將是空的陣列，因為我們尚未新增任何資料至資料庫（圖 5-1）：

```
{
  "data": {
    "notes": []
  }
}
```

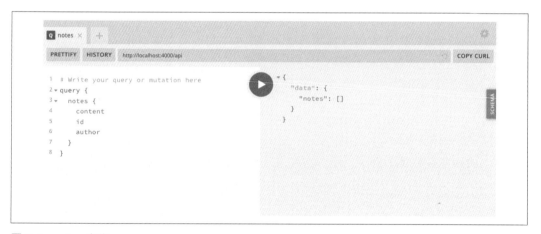

圖 5-1　notes 查詢

為了更新 newNote 變動以新增註記至資料庫，我們將使用 MongoDB 模型的 create 方法來接受物件。目前，我們將繼續對作者姓名進行硬編碼：

```
newNote: async (parent, args) => {
  return await models.Note.create({
    content: args.content,
    author: 'Adam Scott'
  });
}
```

我們現在可以前往 GraphQL Playground 並編寫將新增註記至資料庫的變動：

```
mutation {
  newNote (content: "This is a note in our database!") {
    content
    author
    id
  }
}
```

變動將回傳新註記，其中包含我們放在引數中的內容、作者姓名以及 MongoDB 產生的 ID（圖 5-2）。

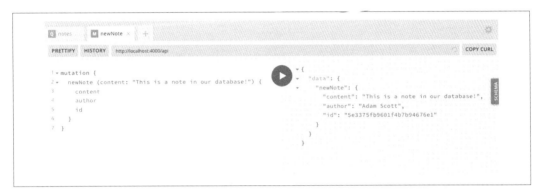

圖 5-2　變動會在資料庫中建立新註記

如果現在重新執行 notes 查詢，應會看到從資料庫擷取註記！（請見圖 5-3）

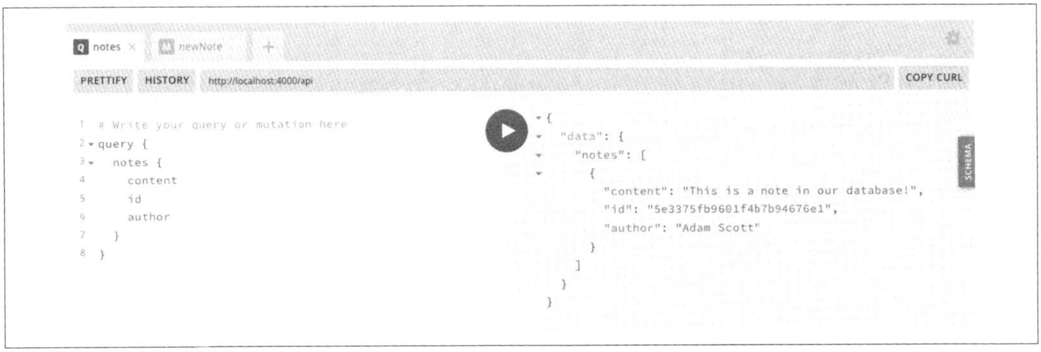

圖 5-3　notes 查詢回傳資料庫中的資料

最後一步是重新編寫 notes 查詢，使用 MongoDB 分配給各個項目的唯一 ID 來從資料庫提取特定註記。為此，我們將使用 Mongoose 的 findbyId 方法：

```
note: async (parent, args) => {
  return await models.Note.findById(args.id);
}
```

我們現在可以使用在 notes 查詢或 newNote 變動中看到的唯一 ID 來編寫查詢，以從資料庫擷取個別註記。為此，我們將使用 id 引數編寫 note 查詢（圖 5-4）：

```
query {
  note(id: "5c7bff794d66461e1e970ed3") {
    id
    content
    author
  }
}
```

您的註記 *ID*

在上一個例子中使用的 ID 是我的本機資料庫的唯一 ID。請務必從您自己的查詢或變動結果中複製 ID。

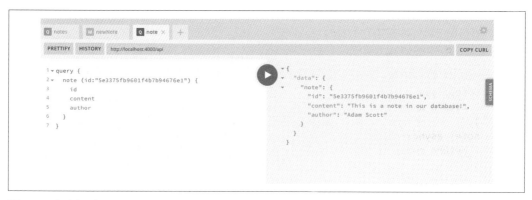

圖 5-4　查詢個別註記

最終 *src/index.js* 檔案將如下所示：

```
const express = require('express');
const { ApolloServer, gql } = require('apollo-server-express');
require('dotenv').config();
```

```
const db = require('./db');
const models = require('./models');

// 在 .env 檔案中指定的連接埠或連接埠 4000 上執行伺服器
const port = process.env.PORT || 4000;
const DB_HOST = process.env.DB_HOST;

// 使用 GraphQL 的結構描述語言建構結構描述
const typeDefs = gql`
  type Note {
    id: ID
    content: String
    author: String
  }

  type Query {
    hello: String
    notes: [Note]
    note(id: ID): Note
  }

  type Mutation {
    newNote(content: String!): Note
  }
`;

// 為結構描述欄位提供解析程式函式
const resolvers = {
  Query: {
    hello: () => 'Hello world!',
    notes: async () => {
      return await models.Note.find();
    },
    note: async (parent, args) => {
      return await models.Note.findById(args.id);
    }
  },
  Mutation: {
    newNote: async (parent, args) => {
      return await models.Note.create({
        content: args.content,
        author: 'Adam Scott'
      });
    }
  }
};
```

```
const app = express();

db.connect(DB_HOST);

// Apollo Server 設定
const server = new ApolloServer({ typeDefs, resolvers });

// 套用 Apollo GraphQL 中介軟體並將路徑設為 /api
server.applyMiddleware({ app, path: '/api' });

app.listen({ port }, () =>
  console.log(
    `GraphQL Server running at http://localhost:${port}${server.graphqlPath}`
  )
);
```

我們現在可以使用 GraphQL API 從資料庫讀取和寫入資料了！請嘗試新增更多註記、使用 notes 查詢檢視註記的完整清單，以及利用 note 查詢檢視個別註記的內容。

結論

在本章中，您已學會如何透過 API 使用 MongoDB 和 Mongoose 函式庫。資料庫（例如 MongoDB）可讓我們安全地儲存和擷取應用程式的資料。物件模型化函式庫（例如 Mongoose）提供資料庫查詢和資料驗證工具，簡化使用資料庫的過程。在下一章中，我們將使用資料庫內容更新 API 以建置完整的 CRUD（建立、讀取、更新、刪除）功能。

## 第六章

CRUD 操作

當我第一次聽到「CRUD 應用程式」一詞,我誤以為這指的是具有某種卑鄙或狡猾功能的應用程式。不可否認,「CRUD」聽起來似乎是指鞋底的污垢。事實上,此頭字語最初在 1980 年代初期由英國科技作家 James Martin 提出,指建立、讀取、更新和刪除資料的應用程式。雖然此術語已存在超過四分之一個世紀,但它仍適用於現今開發的許多應用程式。請試想一下您每天使用的應用程式,例如待辦事項清單、試算表、內容管理系統、文字編輯器、社交媒體網站等等,很有可能其中有許多都屬於 CRUD 應用程式格式。使用者建立一些資料、存取或讀取資料,並且可以更新或刪除資料。

我們的 Notedly 應用程式將遵循 CRUD 模式。使用者將能夠建立、讀取、更新和刪除他們的註記。在本章中,我們將連接解析程式與資料庫以建置 API 的基本 CRUD 功能。

分離 GraphQL 結構描述與解析程式

目前,我們的 *src/index.js* 檔案中有 Express/Apollo 伺服器程式碼以及 API 的結構描述和解析程式。您可以想像一下,這可能會隨著程式碼基底增長而變得有點龐大。在發生此情況之前,讓我們花一些時間進行小幅度的重構,將結構描述、解析程式與伺服器程式碼分開。

首先將 GraphQL 結構描述移動至它自己的檔案。首先,我們在 *src* 資料夾中建立名稱為 *src/schema.js* 的新檔案,然後將 `typeDefs` 變數中的結構描述內容移動至該檔案。為此,我們也必須匯入 `apollo-server-express` 套件隨附的 `gql` 結構描述語言,並使用 Node 的 `module.exports` 方法將結構描述匯出為模組。在過程中,我們也可以移除在最終應用程式中不需要的 `hello` 查詢:

```
const { gql } = require('apollo-server-express');

module.exports = gql`
  type Note {
    id: ID!
    content: String!
    author: String!
  }

  type Query {
    notes: [Note!]!
    note(id: ID!): Note!
  }

  type Mutation {
    newNote(content: String!): Note!
  }
`;
```

我們現在可以更新 *src/index.js* 檔案以使用此外部結構描述檔案，方式是將 *src/index.js* 匯入並從 apollo-server-express 中移除 gql 匯入，如下所示：

```
const { ApolloServer } = require('apollo-server-express');

const typeDefs = require('./schema');
```

我們已將 GraphQL 結構描述隔離到它自己的檔案中，接著要做的事與 GraphQL 解析程式碼類似。解析程式碼將包含絕大多數的 API 邏輯，所以我們先建立名稱為 *resolvers* 的資料夾以容納此程式碼。在 *src/resolvers* 目錄中，我們將從三個檔案開始：*src/resolvers/index.js*、*src/resolvers/query.js* 以及 *src/resolvers/mutation.js*。與我們在資料庫模型中遵循的模式相似，將使用 *src/resolvers/index.js* 檔案把解析程式碼匯入至單一匯出模組。如下所示設定此檔案：

```
const Query = require('./query');
const Mutation = require('./mutation');

module.exports = {
  Query,
  Mutation
};
```

您現在可以為 API 查詢程式碼設定 *src/resolvers/query.js*：

```
module.exports = {
  notes: async () => {
```

```
      return await models.Note.find()
    },
    note: async (parent, args) => {
      return await models.Note.findById(args.id);
    }
  }
}
```

然後將變動程式碼移動至 *src/resolvers/mutation.js* 檔案：

```
module.exports = {
  newNote: async (parent, args) => {
    return await models.Note.create({
      content: args.content,
      author: 'Adam Scott'
    });
  }
}
```

接著，在 *src/ index.js* 檔案中加入以下程式碼以讓伺服器匯入解析程式碼：

```
const resolvers = require('./resolvers');
```

重構解析程式式的最後一步是將它們連接至資料庫模型。您可能已發現，解析程式模組引用了這些模型，但無法存取它們。為了解決此問題，我們將使用 Apollo Server 呼叫 context 的概念，好讓我們可以將各個需求中的特定資訊從伺服器程式碼傳遞到個別解析程式。目前，這可能顯得多餘，但這對於將使用者驗證整合至應用程式會很有幫助。為此，我們將使用 context 函式更新 *src/index.js* 中的 Apollo Server 設定程式碼，該函式將回傳資料庫模型：

```
// Apollo Server 設定
const server = new ApolloServer({
  typeDefs,
  resolvers,
  context: () => {
    // 將 db 模型新增至 context
    return { models };
  }
});
```

我們現在更新各個解析程式以利用此 context，方式是在各個函式中加入 { models } 做為第三個參數。請在 *src/resolvers/query.js* 中輸入：

```
module.exports = {
  notes: async (parent, args, { models }) => {
    return await models.Note.find()
```

```
  },
  note: async (parent, args, { models }) => {
    return await models.Note.findById(args.id);
  }
}
```

將變動程式碼移動至 *src/resolvers/mutation.js* 檔案：

```
module.exports = {
  newNote: async (parent, args, { models }) => {
    return await models.Note.create({
      content: args.content,
      author: 'Adam Scott'
    });
  }
}
```

src/index.js 檔案現在將簡化為如下所示：

```
const express = require('express');
const { ApolloServer } = require('apollo-server-express');
require('dotenv').config();

// 本機模組匯入
const db = require('./db');
const models = require('./models');
const typeDefs = require('./schema');
const resolvers = require('./resolvers');

// 在 .env 檔案中指定的連接埠或連接埠 4000 上執行伺服器
const port = process.env.PORT || 4000;
const DB_HOST = process.env.DB_HOST;

const app = express();

db.connect(DB_HOST);

// Apollo Server 設定
const server = new ApolloServer({
  typeDefs,
  resolvers,
  context: () => {
    // 將 db 模型新增至 context
    return { models };
  }
});
```

```
// 套用 Apollo GraphQL 中介軟體並將路徑設為 /api
server.applyMiddleware({ app, path: '/api' });

app.listen({ port }, () =>
  console.log(
    `GraphQL Server running at http://localhost:${port}${server.graphqlPath}`
  )
);
```

編寫 GraphQL CRUD 結構描述

我們已重構程式碼以確保靈活性，接著開始建置 CRUD 操作。我們已能建立和讀取註記，這使我們能進一步實現更新和刪除功能。首先，我們要更新結構描述。

由於更新和刪除操作將對資料進行變更，所以它們屬於變動。更新註記需要 ID 引數才能找出註記以及新註記內容。更新查詢隨後將會回傳更新後的註記。就刪除操作而言，API 將回傳布林值 true 以通知註記刪除成功。

更新 *src/schema.js* 中的 Mutation 結構描述，如下所示：

```
type Mutation {
  newNote(content: String!): Note!
  updateNote(id: ID!, content: String!): Note!
  deleteNote(id: ID!): Boolean!
}
```

增加這些程式碼後，結構描述現在已能執行 CRUD 操作。

CRUD 解析程式

結構描述完成了，現在可以更新解析程式以刪除或更新註記。我們從 deleteNote 變動開始。為了刪除註記，我們將使用 Mongoose 的 findOneAndRemove 方法並傳遞要刪除之項目的 id。如果找到並且刪除項目，將回傳 true 至用戶端，但如果無法刪除項目，將回傳 false。

在 *src/resolvers/mutation.js* 中的 module.exports 物件內加入：

```
deleteNote: async (parent, { id }, { models }) => {
  try {
    await models.Note.findOneAndRemove({ _id: id });
```

```
      return true;
    } catch (err) {
      return false;
    }
  },
```

現在，我們可以在 GraphQL Playground 中執行變動。在 Playground 的新索引標籤中，編寫以下變動，務必使用資料庫中的註記 ID：

```
mutation {
  deleteNote(id: "5c7d1aacd960e03928804308")
}
```

如果成功刪除註記，得到的回應將是 true：

```
{
  "data": {
    "deleteNote": true
  }
}
```

如果傳遞不存在的 ID，得到的回應將是 "deleteNote": false。

刪 除 功 能 完 成 ， 接 著 編 寫 updateNote 變 動 。 為 此 ， 我 們 將 使 用 Mongoose 的 findOneAndUpdate 方法。此方法將使用查詢的初始參數在資料庫中尋找正確的註記，然後是第二個參數，我們將在其中對新註記內容進行 $set。最後，我們將傳遞第三個參數 new: true 以指示資料庫將更新後的註記內容回傳給我們。

在 *src/resolvers/mutation.js* 中的 module.exports 物件內加入：

```
updateNote: async (parent, { content, id }, { models }) => {
  return await models.Note.findOneAndUpdate(
    {
      _id: id,
    },
    {
      $set: {
        content
      }
    },
    {
      new: true
    }
  );
},
```

我們現在可以在瀏覽器中前往 GraphQL Playground 並測試 updateNote 變動。在新的 Playground 索引標籤中，用 id 和 content 的參數編寫變動：

```
mutation {
  updateNote(
    id: "5c7d1f0a31191c4413edba9d",
    content: "This is an updated note!"
  ){
    id
    content
  }
}
```

如果變動如預期運作，則 GraphQL 回應應如下所示：

```
{
  "data": {
    "updateNote": {
      "id": "5c7d1f0a31191c4413edba9d",
      "content": "This is an updated note!"
    }
  }
}
```

如果傳遞不正確的 ID，則回應失敗並得到包含 Error updating note 訊息的內部伺服器錯誤。

我們現在可以建立、讀取、更新、刪除註記。我們的 API 已具有完整的 CRUD 功能。

日期與時間

建立資料庫結構描述後，我們要求 Mongoose 自動儲存時間戳記，以記錄在資料庫中建立和更新項目的時間。此資訊在我們的應用程式中很有用，因為我們可以在使用者介面中向使用者呈現註記的建立時間或最後編輯時間。我們在結構描述中加上 createdAt 和 updatedAt 欄位，以便可以回傳這些值。

您也許還記得，GraphQL 允許 String、Boolean、Int、Float、ID 的預設類型。可惜 GraphQL 沒有內建資料純量類型。我們可以使用 String 類型，但這表示我們不能利用 GraphQL 提供的類型驗證來確保日期和時間為實際日期和時間。我們改成建立自訂純量類型。自訂類型可讓我們定義新類型，並根據每個要求該類型資料的查詢和變動進行驗證。

我們更新 *src/schema.js* 中的 GraphQL 結構描述，在 GQL 字串常值上方加入自訂純量：

```
module.exports = gql`
  scalar DateTime
  ...
`;
```

現在，在 Note 類型中，加入 createdAt 和 updatedAt 欄位：

```
type Note {
  id: ID!
  content: String!
  author: String!
  createdAt: DateTime!
  updatedAt: DateTime!
}
```

最後一步是驗證新類型。我們雖然可以自行編寫驗證，但在使用案例中，我們要使用 graphql-iso-date 套件（*https://oreil.ly/CtmP6*）。為此，我們將增加驗證至任何要求有 DateTime 類型之值的解析程式函式。

在 *src/resolvers/index.js* 檔案中，匯入套件並增加 DateTime 值到匯出的解析程式，如下所示：

```
const Query = require('./query');
const Mutation = require('./mutation');
const { GraphQLDateTime } = require('graphql-iso-date');

module.exports = {
  Query,
  Mutation,
  DateTime: GraphQLDateTime
};
```

現在，如果在瀏覽器中前往 GraphQL Playground 並重新整理頁面，則可驗證自訂類型是否如預期運作。如果我們查看結構描述，則可以看到 createdAt 和 updatedAt 欄位具備 DateTime 類型。如圖 6-1 所示，此類型的文件是「UTC 日期時間字串」。

圖 6-1　我們的結構描述現在具有 DateTime 類型

為了進行測試，我們在 GraphQL Playground 中編寫包括日期欄位的 newNote 變動：

```
mutation {
  newNote (content: "This is a note with a custom type!") {
    content
    author
    id
    createdAt
    updatedAt
  }
}
```

這會以 ISO 格式日期回傳 createdAt 和 updatedAt 值。如果隨後對相同註記執行 updateNote 變動，我們會看到與 createdAt 日期不同的 updatedAt 值。

欲深入瞭解如何定義和驗證自訂純量類型，建議您參考 Apollo Server 的「Custom scalars and enums」文件（*https://oreil.ly/0rWAC*）。

結論

在本章中，我們為 API 增加建立、讀取、更新、刪除（CRUD）功能。CRUD 應用程式是非常常見的模式，被許多應用程式使用。建議您觀察平常使用的應用程式，思考其資料是否適合此模式。在下一章中，我們要為 API 增加建立和驗證使用者帳戶的功能。

## 第七章

使用者帳戶和驗證

想像自己走在一條暗巷中。您正要去參加「超酷人士秘密俱樂部」（如果您看到這句話，您就是名符其實的會員）。進入俱樂部暗門後，有接待員上前接待，遞給您表單填寫。您必須在表單上填寫姓名和密碼，只有您和接待員才能知道。

填好表單後，您交回給接待員，接待員進入俱樂部的後廳。在後廳中，接待員使用密鑰加密您的密碼，然後將加密後的密碼放在上鎖的檔案保險箱中。接待員隨後在硬幣上戳印，上面印著您的唯一會員識別碼。回到前廳後，接待員把硬幣遞給您，您把硬幣放進口袋。每當您回到俱樂部，只要出示硬幣就能入場。

這樣的互動也許聽起來像是低預算間諜電影的情節，但與我們註冊網頁應用程式的流程幾乎一模一樣。在本章中，我們將瞭解如何建構 GraphQL 變動，讓使用者建立帳戶以及登入應用程式。我們也將瞭解如何加密使用者密碼並回傳權杖給使用者，讓他們在與應用程式互動時用來驗證身分。

應用程式驗證流程

開始前，我們先看看使用者註冊帳戶和登入現有帳戶時遵循的流程。如果您還不瞭解所有概念，別擔心，我們會逐一探討。首先來回顧帳戶建立流程：

1. 使用者在 GraphQL Playground、網頁應用程式或行動應用程式等使用者介面 (UI) 的欄位中輸入要使用的電子郵件、使用者名稱和密碼。

2. UI 傳送 GraphQL 變動至伺服器並提供使用者資訊。

3. 伺服器加密密碼並將使用者資訊儲存在資料庫中。

4. 伺服器回傳權杖至 UI，其中包含使用者的 ID。

5. UI 在指定時段內儲存此權杖，並隨著每次要求傳送權杖至伺服器以驗證使用者。

現在來看看使用者登入流程：

1. 使用者在 UI 的欄位中輸入電子郵件或使用者名稱和密碼。

2. UI 傳送 GraphQL 變動至伺服器並提供這些資訊。

3. 伺服器將儲存在資料庫中的密碼解密並與使用者輸入的密碼比對。

4. 如果密碼相符，則伺服器將權杖回傳至 UI，其中包含使用者的 ID。

5. UI 在指定時段內儲存此權杖，並隨著每次要求傳送權杖至伺服器。

如您所見，這些流程與「秘密俱樂部」流程非常相似。在本章中，我們將建置這些互動的 API 部分。

密碼重設流程

您會發現，我們的應用程式不允許使用者變更密碼。我們可以用單一變動解析程式允許使用者重設密碼，但先透過電子郵件驗證重設要求較為安全。為求簡潔，我們不會在本書中建置密碼重設功能，但如果您對建立密碼重設流程的範例和資源有興趣，請造訪 JavaScript 無所不在 Spectrum 社群（*https://spectrum.chat/jseverywhere*）。

加密和權杖

在探討使用者驗證流程時，我曾提過加密和權杖。這些聽起來像是神話中的黑魔法，所以我們花一些時間詳細說明。

加密密碼

若要有效加密使用者密碼，應使用雜湊和加鹽的組合。**雜湊**是指將字串變成看似隨機字串以掩蓋字串。雜湊函式是「單向」的，意思是文字被雜湊後，就無法恢復成原始字串。密碼被雜湊後，密碼的純文字絕不會被儲存在資料庫中。加鹽則是產生資料的隨機字串，與被雜湊的密碼搭配使用。如此一來，即使有兩個使用者密碼相同，雜湊和加鹽版本也將是唯一的。

bcrypt 是以 blowfish 密碼（*https://oreil.ly/4VjII*）為基礎的熱門雜湊函式，在各種網頁架構中常被使用。在 Node.js 開發中，我們可以使用 bcrypt 模組（*https://oreil.ly/t2Ppc*）將密碼加鹽和雜湊。

在我們的應用程式碼中，我們可以要求 bcrypt 模組並編寫函式以處理加鹽和雜湊。

> **加鹽和雜湊範例**
>
> 以下例子僅供參考。我們會在本章稍後用 bcrypt 整合密碼加鹽與雜湊。

```
// 要求模組
const bcrypt = require('bcrypt');

// 處理加鹽資料的成本，10 為預設值
const saltRounds = 10;

// 雜湊和加鹽函式
const passwordEncrypt = async password => {
  return await bcrypt.hash(password, saltRounds)
};
```

在此例中，我可以傳遞密碼 PizzaP@rty99，產生鹽值為 $2a$10$HF2rs.iYSvX1l5FPrX697O，經過雜湊和加鹽的密碼為 $2a$10$HF2rs.iYSvX1l5FPrX697O9dYF/O2kwHuKdQTdy.7oaMwVga54bWG（這是鹽值加上加密後的密碼字串）。

現在，根據經過雜湊和加鹽的密碼檢查使用者密碼時，我們將使用 bcrypt 的 compare 方法：

```
// 密碼是使用者提供的值
// 從 DB 擷取雜湊
const checkPassword = async (plainTextPassword, hashedPassword) => {
  // res 為 true 或 false
  return await bcrypt.compare(hashedPassword, plainTextPassword)
};
```

使用者密碼加密後，就能安全地將密碼儲存在資料庫中。

JSON 網頁權杖

如果每次使用者要存取網站或應用程式的受保護頁面都必須輸入使用者名稱和密碼，會非常煩人。但我們可以將裝置上的使用者 ID 安全地儲存在 JSON 網頁權杖（*https://jwt.io*）中。每當使用者從用戶端提出要求，就可以傳送該權杖，讓伺服器用來識別使用者。

JSON 網頁權杖（JWT）由三個部分組成：

Header

　　關於權杖和所使用登入演算法種類的一般資訊

Payload

　　我們蓄意存在權杖內的資訊（例如使用者名稱或 ID）

Signature

　　驗證權杖的方法

權杖看起來是由隨機字元組成，各部分以句號分隔：xx-header-xx.yy-payload-yy.zz-signature-zz。

在我們的應用程式碼中，我們可以使用 jsonwebtoken 模組（*https://oreil.ly/IYxkH*）來產生和驗證權杖。為此，我們傳遞要儲存的資訊以及秘密密碼，這通常儲存在 *.env* 檔案中。

```
const jwt = require('jsonwebtoken');

// 產生儲存使用者 id 的 JWT
const generateJWT = await user => {
  return await jwt.sign({ id: user._id }, process.env.JWT_SECRET);
}

// 驗證 JWT
const validateJWT = await token => {
  return await jwt.verify(token, process.env.JWT_SECRET);
}
```

JWT 與工作階段

如果您曾在網頁應用程式中處理過使用者驗證，您可能遇過使用者工作階段。工作階段資訊儲存於本機，通常在 cookie 中，並根據記憶體中資料存放區進行驗證（例如 Redis（*https://redis.io* 但也可以使用傳統資料庫（*https://oreil.ly/Ds-ba*））。JWT 和工作階段何者較好一直爭論不下，但我發現 JWT 提供的靈活性最高，尤其是與原生行動應用程式等非網頁環境整合時。雖然工作階段與 GraphQL 搭配得很好，但 JWT 也是 GraphQL Foundation（*https://oreil.ly/OAcJ_*） 和 Apollo Server（*https://oreil.ly/27iIm*）文件中的建議方式。

利用 JWT，我們可以透過用戶端應用程式安全地回傳和儲存使用者的 ID。

將驗證整合至 API

您已充分瞭解使用者驗證的元件，接著要建置讓使用者註冊和登入應用程式的能力。為此，我們將更新 GraphQL 和 Mongoose 結構描述，編寫會產生使用者權杖的 `signUp` 和 `signIn` 變動解析程式，並在每次對伺服器要求時驗證權杖。

使用者結構描述

首先更新 GraphQL 結構描述，增加 User 類型並更新 Note 類型的 author 欄位以參照 User。請如下所示更新 *src/schema.js* 檔案：

```
type Note {
 id: ID!
 content: String!
 author: User!
 createdAt: DateTime!
 updatedAt: DateTime!
}

type User {
 id: ID!
 username: String!
 email: String!
 avatar: String
 notes: [Note!]!
}
```

使用者註冊應用程式時，會提交使用者名稱、電子郵件地址和密碼。使用者登入應用程式時，會傳送包含使用者名稱或電子郵件地址以及密碼的變動。如果註冊或登入變動成功，API 將以字串形式回傳權杖。為了在結構描述中完成此操作，我們必須在 *src/schema.js* 檔案中增加兩個新的變動，分別回傳一個 String 以做為 JWT：

```
type Mutation {
  ...
  signUp(username: String!, email: String!, password: String!): String!
  signIn(username: String, email: String, password: String!): String!
}
```

現在 GraphQL 結構描述已更新，還必須更新資料庫模型。為此，我們將在 *src/models/user.js* 中建立 Mongoose 結構描述檔案。該檔案的設定將與 note 模型檔案類似，包含使用者名稱、電子郵件、密碼和頭像欄位。我們也將設定 index: { unique: true }，以要求使用者名稱和電子郵件欄位在資料庫中是唯一的。

為了建立使用者資料庫模型，請在 *src/models/user.js* 檔案中輸入以下程式碼：

```
const mongoose = require('mongoose');

const UserSchema = new mongoose.Schema(
  {
    username: {
      type: String,
      required: true,
      index: { unique: true }
    },
    email: {
      type: String,
      required: true,
      index: { unique: true }
    },
    password: {
      type: String,
      required: true
    },
    avatar: {
      type: String
    }
  },
  {
    // 使用 Date 類型指派 createdAt 和 updatedAt 欄位
    timestamps: true
  }
```

```
);

const User = mongoose.model('User', UserSchema);
module.exports = User;
```

有了使用者模型檔案後，現在必須更新 *src/models/index.js* 來匯出模型：

```
const Note = require('./note');
const User = require('./user');

const models = {
  Note,
  User
};

module.exports = models;
```

驗證解析程式

寫好 GraphQL 和 Mongoose 結構描述後，我們可以建置讓使用者註冊和登入應用程式的解析程式。

首先，必須在 *.env* 檔案中增加 `JWT_SECRET` 變數的值。該值應是沒有空格的字串。它將用來簽署 JWT，讓我們在解碼時加以驗證。

```
JWT_SECRET=YourPassphrase
```

建立此變數後，即可在 *mutation.js* 檔案中匯入所需套件。我們將利用第三方 bcrypt、jsonwebtoken、mongoose、dotenv 套件，並匯入 Apollo Server 的 Authentication Error 和 ForbiddenError 公用程式。此外，還要匯入已包含在專案中的 gravatar 公用程式函式。這會從使用者的電子郵件地址產生 Gravatar 圖片 URL（*https://en.gravatar. com*）。

在 *src/resolvers/mutation.js* 中輸入以下程式碼：

```
const bcrypt = require('bcrypt');
const jwt = require('jsonwebtoken');
const {
  AuthenticationError,
  ForbiddenError
} = require('apollo-server-express');
require('dotenv').config();

const gravatar = require('../util/gravatar');
```

現在，我們可以編寫 signUp 變動。此變動將接受使用者名稱、電子郵件地址和密碼做為參數。我們將刪除空白並轉換成全部小寫，將電子郵件地址和和使用者名稱正常化。接著，我們使用 bcrypt 模組來加密使用者密碼。我們也將使用輔助函式庫產生使用者頭像的 Gravatar 圖片 URL。執行這些動作後，我們會將使用者儲存在資料庫中並回傳權杖給使用者。我們可以在 try/catch 區塊中進行設定，讓解析程式在註冊流程發生問題時回傳刻意模糊的錯誤至用戶端。

為了完成這些，請在 *src/resolvers/mutation.js* 檔案中編寫 signUp 變動，如下所示：

```
signUp: async (parent, { username, email, password }, { models }) => {
  // 將電子郵件地址正規化
  email = email.trim().toLowerCase();
  // 對密碼進行雜湊
  const hashed = await bcrypt.hash(password, 10);
  // 建立 gravatar url
  const avatar = gravatar(email);
  try {
    const user = await models.User.create({
      username,
      email,
      avatar,
      password: hashed
    });

    // 建立並回傳 json 網頁權杖
    return jwt.sign({ id: user._id }, process.env.JWT_SECRET);
  } catch (err) {
    console.log(err);
    // 若建立帳戶時發生問題，則拋出錯誤
    throw new Error('Error creating account');
  }
},
```

現在，如果切換回瀏覽器中的 GraphQL Playground，即可測試 signUp 變動。我們用使用者名稱、電子郵件和密碼值編寫 GraphQL 變動：

```
mutation {
  signUp(
    username: "BeeBoop",
    email: "robot@example.com",
    password: "NotARobot10010!"
  )
}
```

執行變動時，伺服器將回傳權杖（圖 7-1）：

```
"data": {
  "signUp": "eyJhbGciOiJIUzI1NiIsInR5cCI6..."
}
}
```

圖 7-1　GraphQL Playground 中的 signUp 變動

下一步是編寫 **signIn** 變動。此變動將接受使用者名稱、電子郵件和密碼。隨後會根據使用者名稱或電子郵件地址在資料庫中尋找使用者。找到使用者後，將解碼儲存在資料庫中的密碼並與使用者輸入的密碼比對。如果使用者與密碼相符，應用程式就會回傳權杖給使用者。如果不符，則回傳錯誤。

在 *src/resolvers/mutation.js* 檔案中編寫此變動，如下所示：

```
signIn: async (parent, { username, email, password }, { models }) => {
  if (email) {
    // 將電子郵件地址正規化
    email = email.trim().toLowerCase();
  }

  const user = await models.User.findOne({
    $or: [{ email }, { username }]
  });

  // 若找不到使用者，則拋出驗證錯誤
  if (!user) {
    throw new AuthenticationError('Error signing in');
  }
```

```
// 若密碼不符，則拋出驗證錯誤
const valid = await bcrypt.compare(password, user.password);
if (!valid) {
  throw new AuthenticationError('Error signing in');
}

// 建立並回傳 json 網頁權杖
return jwt.sign({ id: user._id }, process.env.JWT_SECRET);
}
```

我們現在可以在瀏覽器中前往 GraphQL Playground，並使用我們在 signUp 變動中建立的帳戶測試 signIn 變動：

```
mutation {
  signIn(
    username: "BeeBoop",
    email: "robot@example.com",
    password: "NotARobot10010!"
  )
}
```

同樣地，如果成功，則變動應使用 JWT 解析（圖 7-2）：

```
{
  "data": {
    "signIn": "<TOKEN VALUE>"
  }
}
```

圖 7-2　GraphQL Playground 中的 signIn 變動

有了這兩個解析程式，使用者就能使用 JWT 註冊和登入應用程式。為了進行測試，請試著增加更多帳戶，甚至刻意輸入錯誤資訊，例如不正確的密碼，看看 GraphQL API 回傳什麼。

將使用者新增至解析程式 context

現在使用者可使用 GraphQL 變動來接收唯一權杖，我們必須在每次要求時驗證權杖。我們的期望是，不論是網頁、行動或桌面用戶端，都會在名稱為 Authorization 的 HTTP 標頭中將權杖與要求一併傳送。我們隨後可以從 HTTP 標頭讀取權杖，使用 JWT_SECRET 變數解碼，並將使用者資訊以及 context 傳遞給各個 GraphQL 解析程式。如此一來，即可判斷登入的使用者是否提出要求，以及如果有，是哪個使用者。

首先，在 *src/index.js* 檔案中匯入 jsonwebtoken 模組：

```
const jwt = require('jsonwebtoken');
```

匯入模組後，我們可以增加驗證權杖有效性的函式：

```
// 從 JWT 取得使用者資訊
const getUser = token => {
  if (token) {
    try {
      // 從權杖回傳使用者資訊
      return jwt.verify(token, process.env.JWT_SECRET);
    } catch (err) {
      // 若權杖有問題，則拋出錯誤
      throw new Error('Session invalid');
    }
  }
};
```

現在，在各個 GraphQL 要求中，我們會從要求標頭擷取權杖，嘗試驗證權杖的有效性，並將使用者資訊增加至 context。完成後，每個 GraphQL 解析程式都可以存取儲存在權杖中的使用者 ID。

```
// Apollo Server 設定
const server = new ApolloServer({
  typeDefs,
  resolvers,
  context: ({ req }) => {
    // 從標頭取得使用者權杖
    const token = req.headers.authorization;
```

```
    // 嘗試使用權杖擷取使用者
    const user = getUser(token);
    // 現在，我們將使用者記錄至主控台：
    console.log(user);
    // 將 db 模型和使用者新增至 context
    return { models, user };
  }
});
```

雖然尚未執行使用者互動，但我們可以在 GraphQL Playground 中測試使用者 context。在 GraphQL Playground UI 左下角，有個標示為 HTTP 標頭的空間。在 UI 的該部分，我們可以增加標頭，其中包含在 **signUp** 或 **signIn** 變動中回傳的 JWT，如下所示（圖 7-3）：

```
{
  "Authorization": "<YOUR_JWT>"
}
```

圖 7-3　GraphQL Playground 中的 authorization 標頭

我們可以透過在 GraphQL Playground 中將它連同任何查詢或變動一併傳遞來測試該授權標頭。為此，我們將編寫簡單的 notes 查詢並加入 **Authorization** 標頭（圖 7-4）。

```
query {
  notes {
    id
  }
}
```

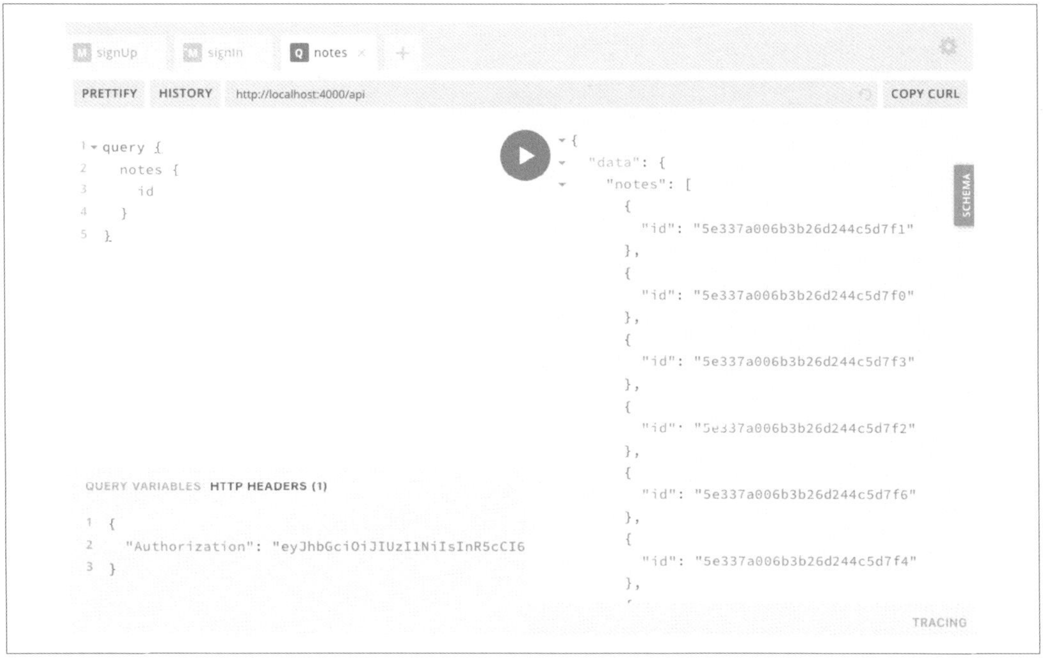

圖 7-4　GraphQL Playground 中的 authorization 標頭與查詢

如果授權成功，應會看到包含使用者 ID 的物件被記錄至終端機應用程式的輸出，如圖 7-5 所示。

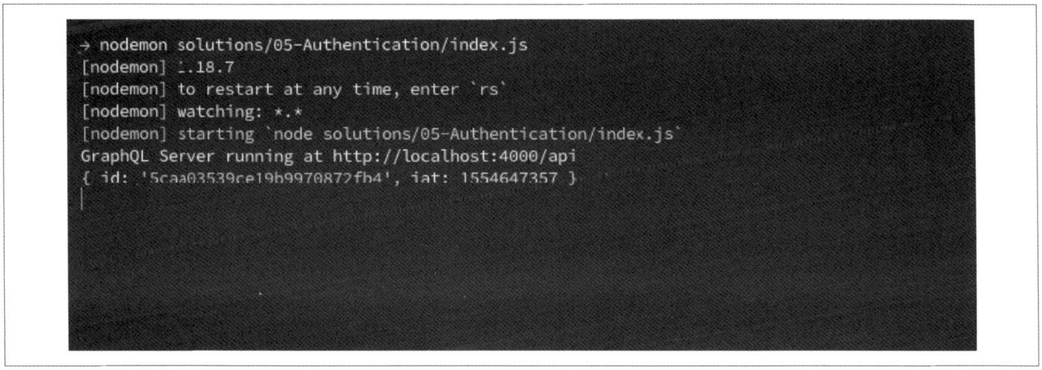

圖 7-5　終端機 console.log 輸入中的使用者物件

完成這些後，我們現在能夠在 API 中驗證使用者。

結論

使用者帳戶建立和登入流程可能令人困惑且難以理解，但只要逐步進行，就可以在 API 中建置穩定且安全的驗證流程。在本章中，我們建立了使用者註冊和登入流程。這些只是帳戶管理生態系統的一小部分，但將提供穩固的基礎。在下一章，我們將在 API 中建置使用者互動，這會在應用程式中為註記和活動分配所有權。

## 第八章

使用者操作

想像您剛加入一個俱樂部（記得「超酷人士秘密俱樂部」嗎？），但您第一次到場時，卻發現什麼事也做不了。俱樂部是個空曠的大房間，人們進進出出，無法與俱樂部或彼此互動。我有點內向，所以這聽起來沒那麼糟，但我可不願意付會費。

目前，我們的 API 基本上就是個大而無用的俱樂部。我們可以建立資料，也可以讓使用者登入，但無法讓使用者擁有資料。在本章中，我們要增加使用者互動來解決此問題。我們將編寫程式碼，讓使用者能夠擁有他們建立的註記、限制誰可以刪除或修改註記，並且讓使用者能夠將他們喜歡的註記加到「我的最愛」。此外，我們將讓 API 使用者能夠提出巢狀查詢，讓 UI 編寫將使用者與註記相關聯的簡單查詢。

開始之前

在本章中，我們會對註記檔案進行大幅變更。由於我們的資料庫中的資料不多，您可能會覺得從本機資料庫中移除現有註記更容易。這沒有必要，但可以減少您閱讀本章時的困惑。

我們進入 MongoDB 殼層，確保參照 notedly 資料庫（.env 檔案中的資料庫名稱），並使用 MongoDB 的 .remove() 方法。在終端機中輸入：

```
$ mongo
$ use notedly
$ db.notes.remove({})
```

將使用者附加至新註記

在上一章中，我們更新了 *src/index.js* 檔案，以便在使用者提出要求時檢查 JWT。如果權杖存在，則解碼並將目前使用者增加到 GraphQL 的 context。因此，我們可以將使用者資訊傳送至我們呼叫的各個解析程式函式。我們會更新現有 GraphQL 變動，以驗證使用者資訊。為此，我們將利用 Apollo Server 的 `AuthenticationError` 和 `ForbiddenError` 方法拋出對應的錯誤。這些有助於在開發過程中除錯以及傳送適當的回應至用戶端。

開始前，我們必須將 mongoose 套件匯入到 *mutations.js* 解析程式檔案中。如此一來，即可為欄位適當指派交叉參照 MongoDB 物件 ID。在 *src/resolvers/ mutation.js* 最上方更新模組匯入，如下所示：

```
const mongoose = require('mongoose');
```

現在，在 newNote 變動中，我們要增加 user 做為函式參數，然後檢查是否有使用者被傳遞到該函式。如果找不到使用者 ID，將拋出 AuthenticationError，因為使用者必須先登入服務才能建立新註記。驗證要求是由已驗證使用者提出後，我們可以在資料庫中建立註記。在過程中，我們將被傳遞到解析程式的使用者 ID 指派給作者。如此一來，即可根據註記本身參照建立註記的使用者。

在 *src/resolvers/mutation.js* 中，加入以下程式碼：

```
// 新增使用者 contex
newNote: async (parent, args, { models, user }) => {
  // 若 contex 上沒有使用者，則拋出驗證錯誤
  if (!user) {
    throw new AuthenticationError('You must be signed in to create a note');
  }

  return await models.Note.create({
    content: args.content,
    // 參考作者的 mongo id
    author: mongoose.Types.ObjectId(user.id)
  });
},
```

最後一步是將交叉參照套用至資料庫中的資料。為此，我們必須更新 MongoDB 註記結構描述的 author 欄位。在 */src/models/note.js* 中更新 author 欄位，如下所示：

```
author: {
  type: mongoose.Schema.Types.ObjectId,
  ref: 'User',
```

```
    required: true
  }
```

有了此參照後，所有新的註記都將根據要求的 **context** 準確記錄並交叉參照作者。我們在 GraphQL Playground 中編寫 **newNote** 變動來測試看看：

```
mutation {
  newNote(content: "Hello! This is a user-created note") {
    id
    content
  }
}
```

編寫變動時，我們也必須在 **Authorization** 標頭中傳遞 JWT（請見圖 8-1）：

```
{
  "Authorization": "<YOUR_JWT>"
}
```

如何擷取 *JWT*？

如果沒有 JWT，可執行 **signIn** 變動來擷取。

圖 8-1　GraphQL Playground 中的新註記變動

目前，我們的 API 不會回傳作者資訊，但我們可以在 MongoDB 殼層中尋找註記以確認是否已正確新增作者。在終端機視窗中輸入：

```
mongo
db.notes.find({_id: ObjectId("A DOCUMENT ID HERE")})
```

回傳的值應包括作者機碼，值為物件 ID。

使用者更新和刪除權限

現在，我們也可以新增使用者檢查至 deleteNote 和 updateNote 變動。我們必須檢查使用者是否被傳遞到 context，以及該使用者是否為註記所有者。為此，我們將檢查儲存在資料庫 author 欄位中的使用者 ID 與被傳遞到解析程式 context 的使用者 ID 是否一致。

在 *src/resolvers/mutation.js* 中更新 deleteNote 變動，如下所示：

```
deleteNote: async (parent, { id }, { models, user }) => {
  // 若非使用者，則拋出驗證錯誤
  if (!user) {
    throw new AuthenticationError('You must be signed in to delete a note');
  }

  // 尋找註記
  const note = await models.Note.findById(id);
  // 若註記所有者與目前使用者不符，則拋出禁止錯誤
  if (note && String(note.author) !== user.id) {
    throw new ForbiddenError("You don't have permissions to delete the note");
  }

  try {
    // 若一切吻合，則移除註記
    await note.remove();
    return true;
  } catch (err) {
    // 若過程中發生錯誤，則回傳 false
    return false;
  }
},
```

另外，在 *src/resolvers/mutation.js* 中更新 updateNote 變動，如下所示：

```
updateNote: async (parent, { content, id }, { models, user }) => {
  // 若非使用者，則拋出驗證錯誤
  if (!user) {
```

```
      throw new AuthenticationError('You must be signed in to update a note');
    }

    // 尋找註記
    const note = await models.Note.findById(id);
    // 若註記所有者與目前使用者不符,則拋出禁止錯誤
    if (note && String(note.author) !== user.id) {
      throw new ForbiddenError("You don't have permissions to update the note");
    }

    // 更新 db 中的註記並回傳更新後的註記
    return await models.Note.findOneAndUpdate(
      {
        _id: id
      },
      {
        $set: {
          content
        }
      },
      {
        new: true
      }
    );
  },
```

使用者查詢

更新現有的變動以加入使用者檢查後,我們也增加了一些使用者查詢。我們將增加三個新查詢:

user

　　根據特定使用者名稱回傳該使用者的資訊

users

　　回傳所有使用者的清單

me

　　回傳目前使用者的資訊

編寫查詢解析程式碼之前，請在 GraphQL *src/ schema.js* 檔案中增加以下查詢：

```
type Query {
  ...
  user(username: String!): User
  users: [User!]!
  me: User!
}
```

現在，在 *src/resolvers/query.js* 檔案中編寫以下解析程式查詢程式碼：

```
module.exports = {
  // ...
  // 將以下新增至現有的 module.exports 物件：
  user: async (parent, { username }, { models }) => {
    // 根據使用者名稱尋找使用者
    return await models.User.findOne({ username });
  },
  users: async (parent, args, { models }) => {
    // 尋找所有使用者
    return await models.User.find({});
  },
  me: async (parent, args, { models, user }) => {
    // 根據目前使用者 context 尋找使用者
    return await models.User.findById(user.id);
  }
}
```

我們看看這在 GraphQL Playground 看起來會是如何。首先，我們可以編寫使用者查詢來尋找特定使用者的資訊。請務必使用已建立的使用者名稱：

```
query {
  user(username:"adam") {
    username
    email
    id
  }
}
```

這會回傳資料物件，包含指定使用者的使用者名稱、電子郵件和 ID 值（圖 8-2）。

若要尋找資料庫中所有的使用者，我們可以使用 users 查詢，這會回傳包含所有使用者資訊的資料物件（圖 8-3）：

```
query {
  users {
```

```
    username
    email
    id
  }
}
```

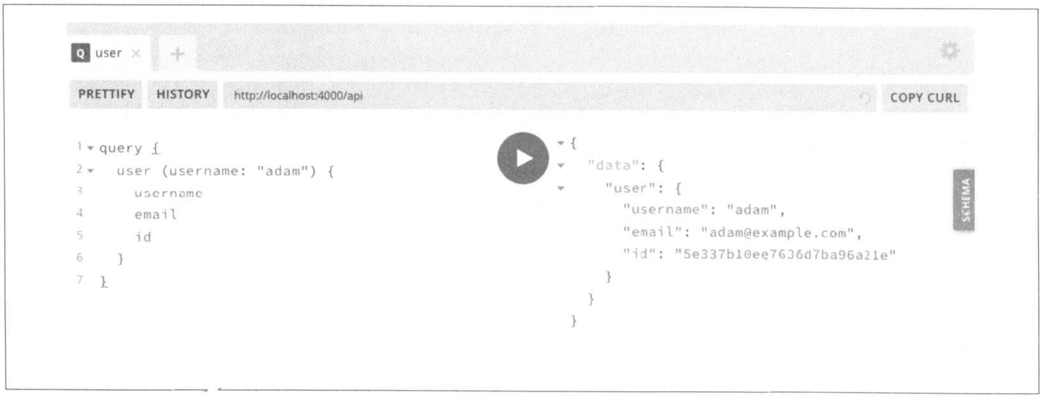

圖 8-2　GraphQL Playground 中的 user 查詢

圖 8-3　GraphQL Playground 中的 users 查詢

現在，我們可以使用在 HTTP 標頭中傳遞的 JWT，透過 me 查詢來尋找關於已登入使用者的資訊。

首先，請務必在 GraphQL Playground 的 HTTP 標頭部分加入權杖：

```
{
  "Authorization": "<YOUR_JWT>"
}
```

接著執行 me 查詢（圖 8-4）：

```
query {
  me {
    username
    email
    id
  }
}
```

圖 8-4　GraphQL Playground 中的 me 查詢

有了這些解析程式後，我們現在可以向 API 查詢使用者資訊。

切換註記最愛

我們要為使用者互動增添最後一項功能。您也許還記得,我們的應用程式說明指出「使用者能夠將其他使用者的註記加入我的最愛以及擷取我的最愛清單」。如同 Twitter 的「愛心」和 Facebook 的「讚」,我們要讓使用者能夠將註記標示為我的最愛(或取消標示)。為了建置此行為,我們將遵循依序更新 GraphQL 結構描述、資料庫模型以及解析程式函式的標準模式。

首先,我們在 *./src/schema.js* 中更新 GraphQL 結構描述,增加兩個新屬性至 Note 類型。favoriteCount 會追蹤註記得到的「最愛」總數。favoritedBy 則包含將註記加入最愛的使用者陣列。

```
type Note {
  // 將以下屬性新增至 Note 類型
  favoriteCount: Int!
  favoritedBy: [User!]
}
```

我們也要在 User 類型中增加最愛清單:

```
type User {
  // 將最愛屬性新增至 User 類型
  favorites: [Note!]!
}
```

接著,我們在 *./src/schema.js* 中增加稱為 toggleFavorite 的變動,這會以增加或移除特定註記最愛的方式進行解析。此變動會取得註記 ID 做為參數並回傳特定註記。

```
type Mutation {
  // 將 toggleFavorite 新增至 Mutation 類型
  toggleFavorite(id: ID!): Note!
}
```

接著,我們必須更新註記模型,在資料庫中加入 favoriteCount 和 favoritedBy 屬性。favoriteCount 會是 Number 類型,預設值為 0。favoritedBy 則是物件陣列,包含資料庫中的使用者物件 ID 參照。完整的 *./src/models/note.js* 檔案將如下所示:

```
const noteSchema = new mongoose.Schema(
  {
    content: {
      type: String,
      required: true
    },
```

```
      author: {
        type: String,
        required: true
      },
      // 新增 favoriteCount 屬性
      favoriteCount: {
        type: Number,
        default: 0
      },
      // 新增 favoritedBy 屬性
      favoritedBy: [
        {
          type: mongoose.Schema.Types.ObjectId,
          ref: 'User'
        }
      ]
    },
    {
      // 使用 Date 類型指派 createdAt 和 updatedAt 欄位
      timestamps: true
    }
  );
```

更新 GraphQL 結構描述和資料庫模型後，我們可以編寫 toggleFavorite 變動。此變動會接收註記 ID 做為參數，並檢查使用者是否已被列入 favoritedBy 陣列。如果使用者已被列入，則移除最愛，減少 favoriteCount 並將使用者從清單中移除。如果使用者尚未將註記加入最愛，則將 favoriteCount 加 1 並將目前使用者加入 favoritedBy 陣列。為了完成這些，請在 *src/resolvers/mutation.js* 檔案中加入以下程式碼：

```
toggleFavorite: async (parent, { id }, { models, user }) => {
  // 若未傳遞使用者 context，則拋出驗證錯誤
  if (!user) {
    throw new AuthenticationError();
  }

  // 檢查使用者是否已將註記加入最愛
  let noteCheck = await models.Note.findById(id);
  const hasUser = noteCheck.favoritedBy.indexOf(user.id);

  // 如果使用者存在於清單中
  // 將他們從清單中提取並將 favoriteCount 減 1
  if (hasUser >= 0) {
    return await models.Note.findByIdAndUpdate(
      id,
      {
```

```
        $pull: {
          favoritedBy: mongoose.Types.ObjectId(user.id)
        },
        $inc: {
          favoriteCount: -1
        }
      },
      {
        // 將 new 設為 true 以回傳更新後的文件
        new: true
      }
    );
  } else {
    // 如果使用者不存在於清單中
    // 將他們新增至清單並將 favoriteCount 加 1
    return await models.Note.findByIdAndUpdate(
      id,
      {
        $push: {
          favoritedBy: mongoose.Types.ObjectId(user.id)
        },
        $inc: {
          favoriteCount: 1
        }
      },
      {
        new: true
      }
    );
  }
},
```

完成此程式碼後，接著在 GraphQL Playground 中測試切換註記最愛的功能。我們用新建立的註記來測試。首先來編寫 newNote 變動，請務必加入具備有效 JWT 的 Authorization 標頭（圖 8-5）：

```
mutation {
  newNote(content: "Check check it out!") {
    content
    favoriteCount
    id
  }
}
```

圖 8-5 newNote 變動

您會發現新註記的 `favoriteCount` 自動設為 `0`，因為這是我們在資料模型中設定的預設值。現在，我們編寫 `toggleFavorite` 變動以標示為最愛，以參數的形式傳遞註記 ID。同樣地，請務必加入具備有效 JWT 的 `Authorization` HTTP 標頭。

```
mutation {
  toggleFavorite(id: "<YOUR_NOTE_ID_HERE>") {
    favoriteCount
  }
}
```

執行此變動後，註記的 `favoriteCount` 值應為 `1`。如果再次執行變動，`favoriteCount` 會減為 `0`（圖 8-6）。

圖 8-6　toggleFavorite 變動

使用者現在可以將註記標示為最愛或取消標示。更重要的是，我希望此功能可以示範如何為 GraphQL 應用程式的 API 增加新功能。

巢狀查詢

GraphQL 的優點是可以將查詢巢狀化，讓我們編寫精確回傳所需資料的單一查詢，而不必編寫多個查詢。在我們的 GraphQL 結構描述中，User 類型包括採陣列格式，依作者排列的註記清單，Notes 類型則包括對作者的參照。因此，我們可以從使用者查詢提取註記清單，或從註記查詢取得作者資訊。

因此，我們可以編寫像這樣的查詢：

```
query {
  note(id: "5c99fb88ed0ca93a517b1d8e") {
    id
    content
    # 關於作者註記的資訊
    author {
```

```
        username
        id
      }
    }
  }
```

如果現在嘗試執行和上一個查詢一樣的巢狀查詢,會得到錯誤。這是因為我們尚未編寫針對此資訊執行資料庫查詢的解析程式碼。

為了啟用此功能,我們在 *src/resolvers* 目錄中增加兩個新檔案。

在 *src/resolvers/note.js* 中,加入:

```
module.exports = {
  // 要求時解析註記的作者資訊
  author: async (note, args, { models }) => {
    return await models.User.findById(note.author);
  },
  // 要求時解析註記的 favoritedBy 資訊
  favoritedBy: async (note, args, { models }) => {
    return await models.User.find({ _id: { $in: note.favoritedBy } });
  }
};
```

在 *src/resolvers/user.js*,加入:

```
module.exports = {
  // 要求時解析使用者的註記清單
  notes: async (user, args, { models }) => {
    return await models.Note.find({ author: user._id }).sort({ _id: -1 });
  },
  // 要求時解析使用者的最愛清單
  favorites: async (user, args, { models }) => {
    return await models.Note.find({ favoritedBy: user._id }).sort({ _id: -1 });
  }
};
```

現在我們必須更新 *src/resolvers/index.js*,以匯入和匯出這些新的解析程式模組。整個 *src/resolvers/index.js* 檔案現在應如下所示:

```
const Query = require('./query');
const Mutation = require('./mutation');
const Note = require('./note');
const User = require('./user');
const { GraphQLDateTime } = require('graphql-iso-date');
```

```javascript
module.exports = {
  Query,
  Mutation,
  Note,
  User,
  DateTime: GraphQLDateTime
};
```

現在，如果我們編寫巢狀 GraphQL 查詢或變動，將得到所需資訊。您可以編寫以下
note 查詢來測試：

```graphql
query {
  note(id: "<YOUR_NOTE_ID_HERE>") {
    id
    content
    # 關於作者註記的資訊
    author {
      username
      id
    }
  }
}
```

此查詢應使用作者的使用者名稱和 ID 正確解析。另一個實用例子是回傳將註記「加入
最愛」的使用者資訊：

```graphql
mutation {
  toggleFavorite(id: "<YOUR NOTE ID>") {
    favoriteCount
    favoritedBy {
      username
    }
  }
}
```

有了巢狀解析程式後，我們可以編寫確切回傳所需資料的精確查詢和變動。

結論

恭喜!在本章中,我們的 API 大功告成,可以真正和使用者互動。此 API 整合使用者操作、增加新功能並將解析程式巢狀化,展示出 GraphQL 的真正能力。我們也遵循為專案增加新程式碼的標準模式:先編寫 GraphQL 結構描述,再編寫資料庫模型,最後編寫解析程式碼以查詢或更新資料。透過將流程分成三個步驟,我們可以為應用程式增加各種功能。在下一章中,我們將探討使 API 生產就緒所需的最後步驟,包括分頁和安全性。

## 第九章

細節

Febreze 空氣清新劑現在幾乎無所不在，但它剛上市的時候是一大失敗。最初的廣告示範如何使用此產品消除特定臭味，例如菸味，結果賣得很差。遭遇挫折後，行銷團隊轉移重點，把 Febreze 當成最後細節。現在，廣告呈現的是某人打掃房間，把枕頭拍鬆，最後噴一下 Febreze，使房間空氣煥然一新。產品重新定位後，銷售量暴增。

由此例子可見，**細節非常重要**。目前我們有了有效的 API，但缺少投入生產所需的最後修飾。在本章中，我們將實踐網頁和 GraphQL 應用程式安全性以及使用者體驗最佳實務。這些細節的重要性遠超過噴灑空氣清新劑，將是應用程式安全性和使用性的關鍵。

網頁應用程式和 Express.js 最佳實務

Express.js 是賦予 API 能力的基礎網頁應用程式架構。我們可以稍微調整 Express.js 程式碼，為應用程式提供穩固的基礎。

Express Helmet

Express Helmet 中介軟體（*https://oreil.ly/NGae1*）是小型安全性中介軟體函式的集合。這些會調整應用程式的 HTTP 標頭，變得更安全。其中有許多是針對以瀏覽器為基礎的應用程式，但啟用 Helmet 是保護應用程式免於常見網頁漏洞的簡單步驟。

為了啟用 Helmet，我們將在應用程式中要求中介軟體並指示 Express 在中介軟體堆疊的早期加以使用。在 *./src/index.js* 檔案中增加以下程式碼：

```
// 先在檔案最上方要求套件
const helmet = require('helmet')

// 在 const app = express() 之後，在堆疊最上方新增中介軟體
app.use(helmet());
```

增加 Helmet 中介軟體後，就能快速為應用程式啟用常見的網頁安全性最佳實務。

跨來源資源共用

我們透過跨來源資源共用（COR）允許從其他網域要求資源。因為我們的 API 和 UI 程式碼分開，因此要啟用來自其他來源的憑證。欲深入瞭解 CORS，強烈建議您參考 Mozilla CORS Guide（*https://oreil.ly/E1lXZ*）。

為了啟用 CORS，我們將在 *.src/index.js* 檔案中使用 Express.js CORS 中介軟體（*https://oreil.ly/lYr7g*）套件：

```
// 先在檔案最上方要求套件
const cors = require('cors');

// 在 app.use(helmet()); 之後新增中介軟體
app.use(cors());
```

我們以此方式增加中介軟體，啟用來自*所有*網域的跨來源要求。目前這很適合我們，因為我們處於開發階段，很有可能使用託管供應商產生的網域，但透過使用中介軟體，我們也可以將要求限制在特定來源。

分頁

目前，我們的 notes 和 users 查詢回傳資料庫中的註記清單和使用者的完整清單。這對本機開發來說很適合，但隨著應用程式成長，就無以為繼，因為可能回傳數百（或數千）個註記的查詢很昂貴，會拖慢資料庫、伺服器和網路速度。我們可以將這些查詢分頁，只回傳一定數量的結果。

我們可以執行的分頁有兩種常見類型。第一種類型是**偏移分頁**，方式是透過用戶端傳遞偏移數字並回傳有限數量的資料。例如，如果每頁資料限制為 10 筆紀錄，而我們想要求第三頁的資料，則傳遞 20 的偏移量。雖然這是概念上最直接的做法，但有可能遇到擴充和效能問題。

第二種分頁類型是**以游標為基礎的分頁**，傳遞時基於游標或唯一識別碼做為起點。隨後要求跟隨此紀錄的特定數量資料。此方法讓我們全面控制分頁。此外，由於 Mongo 的物件 ID 依序排列（從 4 位元組時間值開始），我們可以輕鬆利用它們做為游標。欲深入瞭解 Mongo 的物件 ID，建議您閱讀對應的 MongoDB 文件（*https://oreil.ly/GPE1c*）。

如果這聽起來太過概念性，沒關係。讓我們逐步將分頁化註記摘要建置成 GraphQL 查詢。首先，我們定義要建立什麼，然後是結構描述更新，最後是解析程式碼。至於摘要，我們要查詢 API，同時選擇性地傳遞游標做為參數。API 隨後應回傳有限數量的資料、代表資料集最後一項的游標點，以及布林值（如果要查詢另一頁的資料）。

有了此描述後，我們可以更新 *src/schema.js* 檔案以定義新查詢。首先，我們必須在檔案中增加 NoteFeed 類型：

```
type NoteFeed {
  notes: [Note]!
  cursor: String!
  hasNextPage: Boolean!
}
```

接著，我們要新增 noteFeed 查詢：

```
type Query {
  # 將 noteFeed 新增至現有的查詢
  noteFeed(cursor: String): NoteFeed
}
```

更新結構描述後，我們可以編寫查詢的解析程式碼。在 *./src/resolvers/query.js* 中，對已匯出物件加入以下程式碼：

```
noteFeed: async (parent, { cursor }, { models }) => {
  // 將限制硬編碼為 10 個項目
  const limit = 10;
  // 將預設的 hasNextPage 值設為 false
  let hasNextPage = false;
  // 若未傳遞游標，則預設查詢將是空的
  // 這將從 db 提取最新註記
  let cursorQuery = {};
```

```
    // 如果有游標
    // 查詢將尋找 ObjectId 小於游標的註記
    if (cursor) {
      cursorQuery = { _id: { $lt: cursor } };
    }

    // 在 db 中尋找限制 + 1 個註記，從最新到最舊排序
    let notes = await models.Note.find(cursorQuery)
      .sort({ _id: -1 })
      .limit(limit + 1);

    // 如果尋找的註記數量超過限制
    // 將 hasNextPage 設為 true 並將註記調整至限制
    if (notes.length > limit) {
      hasNextPage = true;
      notes = notes.slice(0, -1);
    }

    // 新游標將是摘要陣列中最後一項的 Mongo 物件 ID
    const newCursor = notes[notes.length - 1]._id;

    return {
      notes,
      cursor: newCursor,
      hasNextPage
    };
  }
```

有了此解析程式後，我們可以查詢 noteFeed，它將回傳最多 10 筆結果。在 GraphQL Playground 中，我們可以編寫查詢以接收註記清單、物件 ID、「建立」時間戳記、游標以及下一頁布林值，如下所示：

```
query {
  noteFeed {
    notes {
      id
      createdAt
    }
    cursor
    hasNextPage
  }
}
```

由於資料庫中有超過 10 個的註記，因此會回傳游標且 hasNextPage 值為 true。利用該游標，我們可以查詢第二頁的摘要：

```
query {
  noteFeed(cursor: "<YOUR OBJECT ID>") {
    notes {
      id
      createdAt
    }
    cursor
    hasNextPage
  }
}
```

我們可以繼續對每個 hasNextPage 值為 true 的游標進行此動作。完成後，我們已建立分頁化註記摘要。這會讓 UI 要求特定的資料摘要，並減輕伺服器和資料庫的負擔。

資料限制

除了建立分頁，我們也要限制透過 API 可要求的資料量。這會防止可能導致伺服器或資料庫過載的查詢。

此流程的第一步很簡單，就是限制查詢可回傳的資料量。我們的兩個查詢 users 和 notes 會從資料庫回傳所有相符的資料。我們可以對資料庫查詢設定 limit() 方法以解決此問題。例如，在 .src/resolvers/query.js 檔案中，我們可以更新 notes 查詢，如下所示：

```
notes: async (parent, args, { models }) => {
  return await models.Note.find().limit(100);
}
```

雖然限制資料是穩妥的開始，但目前我們的查詢可能是用無限的深度來編寫。這表示單一查詢可能被編寫成擷取註記清單、各個註記的作者資訊、各個作者的最愛清單、各項最愛的作者資訊等等。一個查詢就有大量資料，還可以繼續增加！為了防止這種過度巢狀的查詢，我們可以根據 API 限制查詢深度。

此外，我們可能有未過度巢狀的複雜查詢，但仍需要繁重的運算才能回傳資料。我們可以限制查詢複雜性以防止這種要求。

我們可以在 ./src/index.js 檔案中使用 graphql-depth-limit 和 graphql-validation-complexity 套件以執行上述限制：

```
// 在檔案最上方匯入模組
const depthLimit = require('graphql-depth-limit');
const { createComplexityLimitRule } = require('graphql-validation-complexity');

// 更新 ApolloServer 程式碼以加入 validationRules
const server = new ApolloServer({
  typeDefs,
  resolvers,
  validationRules: [depthLimit(5), createComplexityLimitRule(1000)],
  context: async ({ req }) => {
    // 從標頭取得使用者權杖
    const token = req.headers.authorization;
    // 嘗試使用權杖擷取使用者
    const user = await getUser(token);
    // 將 db 模型和使用者新增至 context
    return { models, user };
  }
});
```

增加這些套件後，我們已為 API 增添額外的查詢保護。欲深入瞭解保護 GraphQL API 免於惡意查詢，請參考 Spectrum 技術長 Max Stoiber 的一篇精彩文章（*https://oreil.ly/ _r5tl*）。

其他考量

建構 API 後，您應已充分瞭解 GraphQL 開發的基礎知識。如果想深入探索這些主題，接下來可以嘗試測試、GraphQL 訂閱以及 Apollo Engine。

測試

好，我承認：我對於沒在本書中提到測試而感到內疚。測試程式碼很重要，因為這讓我們得以輕鬆地進行變更並改善與其他開發人員的協作。GraphQL 設定的優點在於解析程式只是函式，取得一些參數並回傳資料。因此，GraphQL 邏輯很容易測試。

訂閱

訂閱是 GraphQL 的強大功能，可直接在應用程式中整合發佈 - 訂閱模式。這表示 UI 可以訂閱，於資料在伺服器上發佈時收到通知或更新。這讓 GraphQL 伺服器成為處理即時資料之應用程式的理想解決方案。欲深入瞭解 GraphQL 訂閱，請參考 Apollo Server 文件（*https://oreil.ly/YwI5_*）。

Apollo GraphQL 平台

在 API 開發過程中，我們一直使用 Apollo GraphQL 函式庫。在後續章節中，我們也將使用 Apollo 用戶端函式庫來與 API 介接。我選擇這些函式庫是因為它們是業界標準，並且為開發人員提供很棒的 GraphQL 使用體驗。如果要將應用程式投入生產，維護這些函式庫的公司 Apollo 也提供監測和調整 GraphQL API 的平台。欲深入瞭解，請至 Apollo 網站（*https://www.apollographql.com*）。

結論

在本章中，我們為應用程式增加一些最後修飾。雖然有許多其他選項可以執行，但到目前為止，我們已開發出可靠的 MVP（最簡可行產品）。在此狀態下，我們已準備好啟動 API！在下一章中，我們會將 API 部署至公用網頁伺服器。

## 第十章

部署 API

假設每當使用者要存取我們的 API 以建立、讀取、更新或刪除註記,我們都必須帶著筆電去跟他們見面。目前,這就是我們的 API 的運作方式,因為它只在個人電腦上執行。我們可以將應用程式部署至網頁伺服器以解決此問題。

在本章中,我們會採取兩個步驟:

1. 設定 API 可以存取的遠端資料庫。

2. 將 API 程式碼部署至伺服器並連接至資料庫。

完成這些步驟後,我們就能從任何與網路連線的電腦存取 API,包括我們要開發的網頁、桌面以及行動介面。

託管資料庫

在第一步中,我們將使用託管資料庫解決方案。就我們的 Mongo 資料庫而言,我們將使用 MongoDB Atlas。這是完全代管式雲端產品,由 Mongo 本身背後的組織支援。此外,他們提供很適合初始部署的免費層。我們來看看部署至 MongoDB Atlas 的步驟。

首先前往 *mongodb.com/cloud/atlas*,並建立帳戶。建立帳戶後,系統會提示您建立資料庫。您可以在此畫面上管理沙箱資料庫的設定,但我建議暫時採用預設值。其中包括:

- Amazon 的 AWS 做為資料庫主機,但也可選擇 Google 的 Cloud Platform 和 Microsoft 的 Azure

- 最接近的區域,有「免費層」選項

- 叢集層，預設值為「M0 沙箱（共用 RAM，512MB 儲存空間）」

- 其他設定，可保留預設值

- 叢集名稱，可保留預設值

在此畫面上按一下 Create Cluster，此時，Mongo 需要幾分鐘的時間來設定資料庫（圖 10-1）。

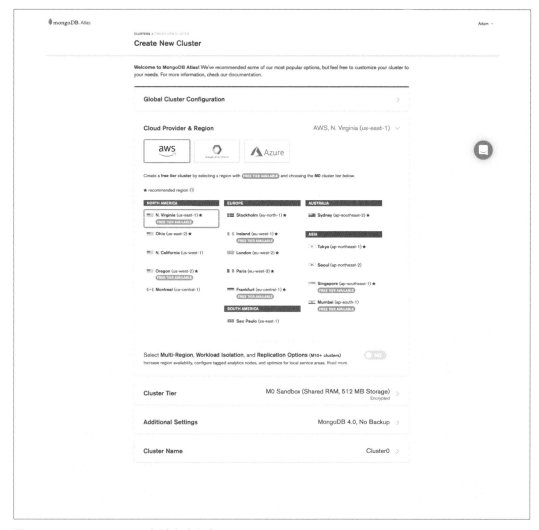

圖 10-1　MongoDB Atlas 資料庫建立畫面

接著會看到 Clusters 頁面，您可以在其中管理個別資料庫叢集（圖 10-2）。

圖 10-2　MongoDB Atlas 叢集

從 Clusters 畫面按一下 Connect，系統會提示您設定連線安全性。第一步是將 IP 位址列入白名單。因為我們的應用程式會有動態 IP 位址，您必須使用 0.0.0.0/0 向任何 IP 位址開放。所有 IP 位址都列入白名單後，必須設定用於存取資料的安全使用者名稱與密碼（圖 10-3）。

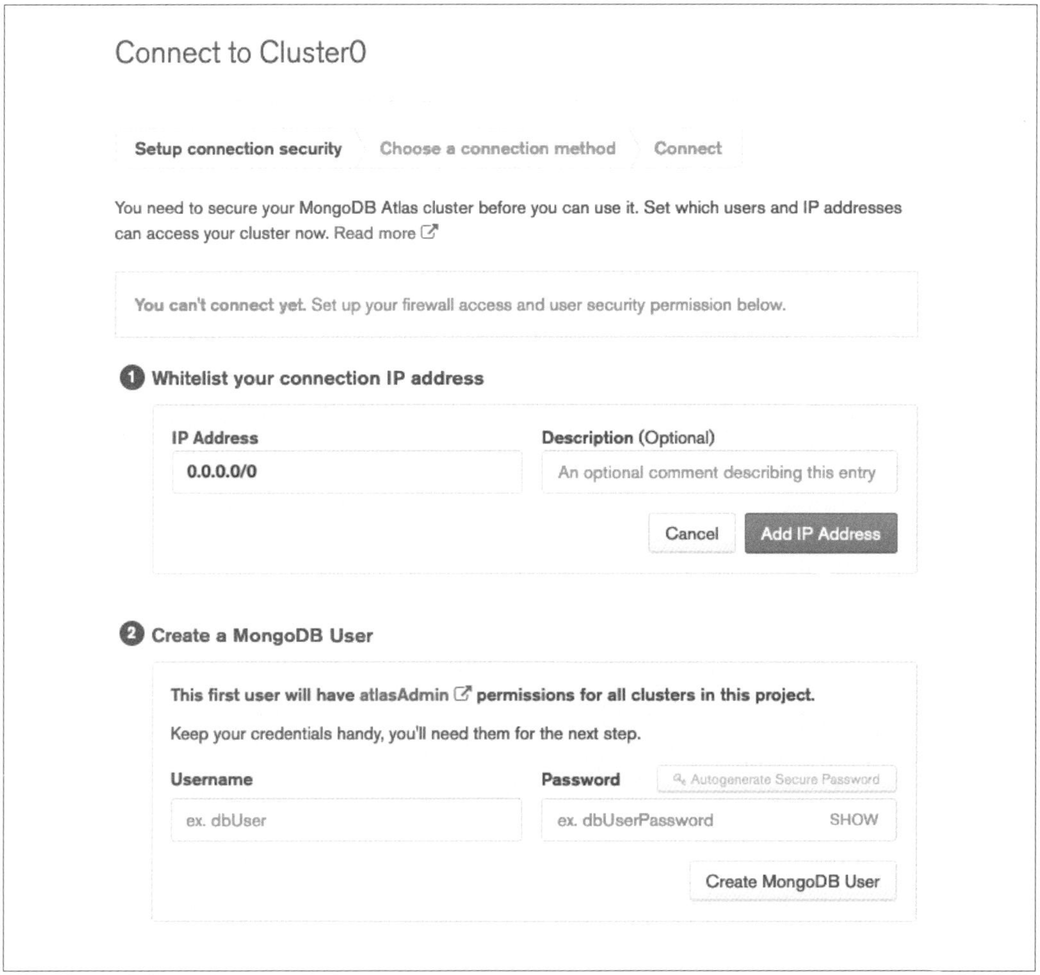

圖 10-3　MongoDB Atlas IP 白名單與使用者帳戶管理

將 IP 列入白名單並建立使用者帳戶後，要選擇資料庫的連線方式。在此例中，將是「應用程式」連線（圖 10-4）。

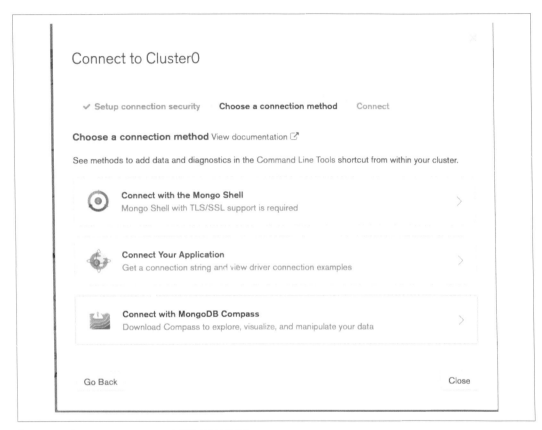

圖 10-4　在 MongoDB Atlas 中選擇連線類型

在此畫面上，您可以複製連線字串，我們會在生產 .env 檔案中使用這些字串（圖 10-5）。

Connect to Cluster0

✓ Setup connection security ✓ Choose a connection method **Connect**

1 Choose your driver version

DRIVER   VERSION

Node.js   ⬍   3.0 or later   ⬍

2 Add your connection string into your application code

Connection String Only   Full Driver Example

mongodb+srv://ascott1:<password>@   📋 Copy

Replace <password> with the password for the *ascott1* user.
When entering your password, make sure that any special characters are URL encoded.

Having trouble connecting? View our troubleshooting documentation

Go Back   Close

圖 10-5　MongoDB Atlas 的資料庫連線字串

Mongo 密碼

MongoDB Atlas 對密碼中的特殊字元進行十六進位編碼。這表示，如果您使用（也應該！）任何非字母或數字值，就必須在將密碼加入至連線字串時使用該程式碼的十六進位值。*ascii.cl* 網站提供所有特殊字元的對應十六進位碼。例如，如果您的密碼是 Pizz@2!，則必須對 @ 和！字元進行編碼。方式是用 % 加上十六進位值。產生的密碼會是 Pizz%402%21。

MongoDB Atlas 代管資料庫開始運作後，我們現在有了應用程式的託管資料存放區。在下一步中，我們要託管應用程式碼並連接至資料庫。

部署應用程式

部署設定的下一步是部署我們的應用程式碼。就本書而言，我們將使用雲端應用程式平台 Heroku。我選擇 Heroku 是因為它提供絕佳的使用者體驗和慷慨的免費層，但 Amazon Web Services、Google Cloud Platform、Digital Ocean、Microsoft Azure 等其他雲端平台都為 Node.js 應用程式提供替代託管環境。

開始之前，必須先前往 Heroku 網站（*https://heroku.com/apps*）並建立帳戶。建立帳戶後，必須為作業系統安裝 Heroku 命令列工具（*https://oreil.ly/Vf2Q_*）。

如果是 macOS 使用者，您可以使用 Homebrew 安裝 Heroku 命令列工具，如下所示：

```
$ brew tap heroku/brew && brew install heroku
```

如果是 Windows 使用者，請前往 Heroku 命令列工具指南並下載對應的安裝程式。

專案設定

安裝 Heroku 命令列工具後，即可在 Heroku 網站中設定專案。按一下 New → Create New App 建立新的 Heroku 專案（圖 10-6）。

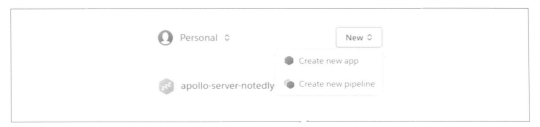

圖 10-6　Heroku 新應用程式對話方塊

在此畫面上，系統會提示您為應用程式提供唯一名稱，之後可以按一下 Create App 按鈕
（圖 10-7）。之後，只要看到 YOUR_APP_NAME，就使用此名稱。

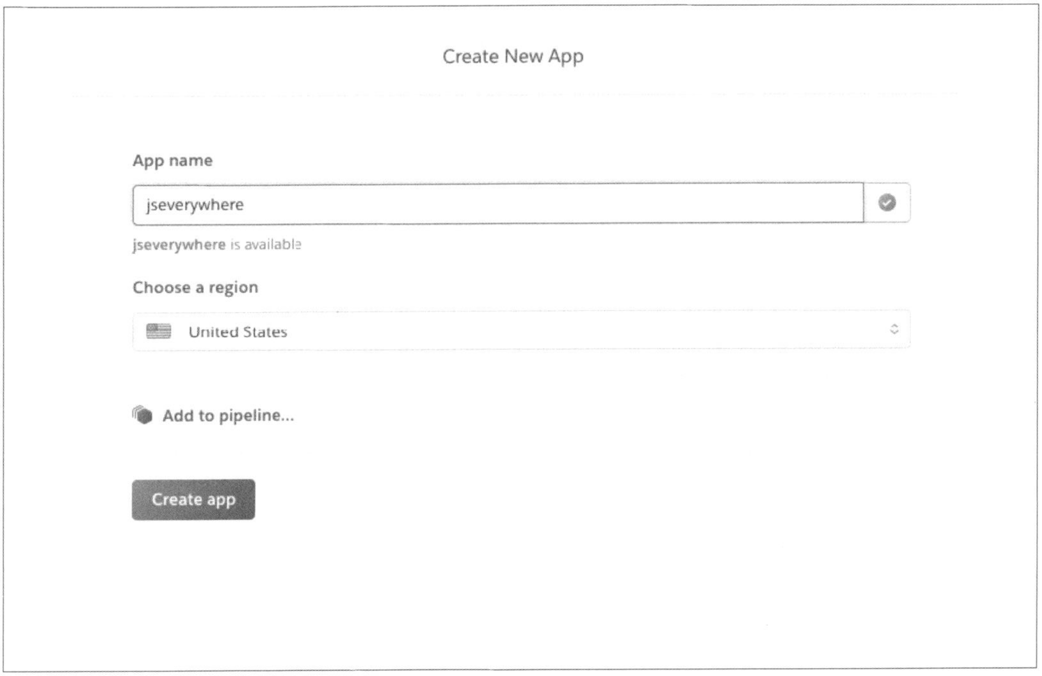

圖 10-7　提供唯一應用程式名稱

我們現在可以增加環境變數。與我們在本機使用 *.env* 檔案的方式相同，我們可以在
Heroku 網站介面中管理生產環境變數。請按一下 Settings，然後按一下 Reveal Config
Vars 按鈕。在此畫面上，增加以下配置變數（圖 10-8）：

```
NODE_ENV production
JWT_SECRET A_UNIQUE_PASSPHRASE
DB_HOST YOUR_MONGO_ATLAS_URL
```

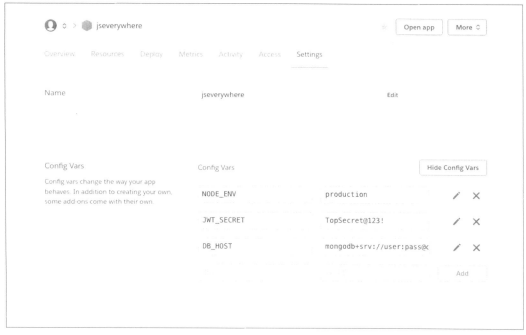

圖 10-8　Heroku 的環境變數配置

配置應用程式後，即可部署程式碼。

部署

我們現在可以將程式碼部署至 Heroku 伺服器。我們可以在終端機應用程式中使用簡單的 Git 命令。我們將 Heroku 設為遠端端點，然後新增並提交變更，最後將程式碼推送至 Heroku。為此，請在終端機應用程式中執行以下命令：

```
$ heroku git:remote -a <YOUR_APP_NAME>
$ git add .
$ git commit -am "application ready for production"
$ git push heroku master
```

Heroku 建構和部署檔案時，您應在終端機中看到輸出。完成後，Heroku 將使用 *package.json* 檔案中的 run 指令碼在伺服器上執行應用程式。

測試

應用程式成功部署後，我們就能向遠端伺服器提出 GraphQL API 要求。預設情況下，在生產中停用 GraphQL Playground UI，但我們可以在終端機應用程式中使用 curl 來測試應用程式。為了執行 curl 要求，請在終端機應用程式中輸入以下程式碼：

```
$ curl \
  -X POST \
  -H "Content-Type: application/json" \
  --data '{ "query": "{ notes { id } }" }' \
  https://YOUR_APP_NAME.herokuapp.com/api
```

如果測試成功，應會得到包含空 notes 陣列的回應，因為生產資料庫尚未包含任何資料：

```
{"data":{"notes":[]}}
```

好了，我們已部署應用程式！

結論

在本章中，我們使用雲端服務部署資料庫和應用程式碼。MongoDB Atlas 和 Heroku 等服務讓開發人員能夠啟動小型應用程式並隨意擴充，從業餘專案到流量龐大的企業不等。部署 API 後，我們已成功開發應用程式堆疊的後端服務。在後續章節中，我們將著重於應用程式的 UI。

## 第十一章

使用者介面和 React

1979 年，賈伯斯參訪 Xerox Parc，看到 Xerox Alto 個人電腦的示範。當時其他電腦都是由輸入的命令控制，但 Alto 利用滑鼠並具備由可開啟和關閉的視窗組成的圖形介面。賈伯斯在創造第一代 Apple Macintosh 時借用這些構想。第一代 Mac 大受歡迎，造就電腦 UI 的普及。現在，我們在日常生活中可能與多種圖形使用者介面互動，包括個人電腦、智慧型手機、平板電腦、ATM、遊戲主機、自助繳費機等等。UI 現在無所不在，涵蓋各種裝置、內容類型、螢幕尺寸以及互動形式。

例如，我最近去另一個城市開會。那天早上，我起床後用手機查看航班狀態。我開車到機場，車上的螢幕顯示地圖並讓我選擇想聽的音樂。我在途中停在 ATM 領錢，在觸控螢幕上輸入密碼並輕觸指示。到機場後，我用自助報到機報到。在登機門等待時，我用平板電腦回了幾封電子郵件。在飛機上，我用電子墨水顯示裝置看書。降落後，我用手機上的應用程式叫車，接著停下來吃午餐，在顯示螢幕上以觸控方式點餐。開會時，投影片投射在螢幕上，我們有很多人用筆電做筆記。當晚回到飯店，我透過飯店電視螢幕上的節目表瀏覽電視節目和電影。我的一天充滿許多 UI 和螢幕尺寸，用來完成與生活核心要素相關的事務，例如交通、金融、娛樂。

在本章中，我們將簡短介紹 JavaScript 使用者介面開發的歷史。瞭解背景知識後，我們將探討 React 的基礎知識，這是我們在本書其餘部分中將使用的 JavaScript 函式庫。

JavaScript 和 UI

JavaScript 最初是在 1990 年代中期被設計出來（只用了短短 10 天（*https://oreil.ly/BNhvL*））以加強網頁介面，在網頁瀏覽器中提供嵌入式指令碼語言。這讓網頁設計師和開發人員能為網頁增加光靠 HTML 無法辦到的小型互動。可惜，瀏覽器供應商的 JavaScript 建置各不相同，難以仰賴。這是導致在單一瀏覽器中運作的應用程式大量增加的因素之一。

2000 年代中期，jQuery（以及 MooTools 等類似函式庫）大受歡迎。jQuery 允許開發人員透過適用於各種瀏覽器的簡單 API 來編寫 JavaScript。不久後，我們都在網頁上新增、移除、取代、製作動畫。大約在同一時間，Ajax（「asynchronous JavaScript and XML」的縮寫）讓我們可以從伺服器擷取資料並注入頁面中。這兩種技術的結合形成生態系統，用以建立強大的互動式網頁應用程式。

隨著應用程式變得越來越複雜，對於整理和樣板程式碼的需求同時升高。在 2010 年代初期，Backbone、Angular、Ember 等架構主導 JavaScript 應用程式領域。這些架構的運作方式是對架構程式碼施加結構並執行共通的應用程式模式。這些架構通常是遵循軟體設計的模型、檢視、控制器（MVC）模式來建立模型。各個架構都對網頁應用程式的每一層有所規範，以結構化方式處理範本、資料和使用者互動。雖然這有許多好處，但這也表示整合新技術或非標準技術的工作負擔可能非常高。

同時，桌面應用程式繼續以針對系統的程式設計語言編寫。因此，開發人員與團隊通常被迫二選一（Mac 應用程式或 Windows 應用程式、網頁應用程式或桌面應用程式等等）。行動應用程式的情況類似。隨著回應式網頁設計興起，設計師和開發人員可以為行動網頁瀏覽器創造優質的網站與應用程式，但選擇建構僅限網頁版的應用程式使他們被阻絕在行動平台應用程式商店之外。Apple 的 iOS 應用程式是以 Objective C（以及近期的 Swift）編寫，Android 則仰賴 Java 程式設計語言（請勿與 JavaScript 混淆）。因此，由 HTML、CSS 和 JavaScript 組成的網頁是唯一真正的跨平台使用者介面平台。

使用 JavaScript 的宣告式介面

2010 年代初期，Facebook 的開發人員開始面臨整理和管理 JavaScript 程式碼的挑戰。為了因應，軟體工程師 Jordan Walke 以 Facebook 的 PHP 函式庫 XHP 為基礎寫出 React。React 與其他熱門 JavaSript 架構的不同之處是它只著重於 UI 的轉譯。為此，React 採取「宣告式」程式設計方法，意思是提供抽象層，讓開發人員專注於描述 UI 應有的狀態。

隨著 React 以及 Vue.js 等類似函式庫興起，我們看到開發人員編寫 UI 的方式改變。這些架構提供在元件層級管理 UI 狀態的方法。這讓應用程式為使用者帶來流暢感，同時提供絕佳的開發體驗。有了用於建構桌面應用程式的 Electron 以及用於跨平台原生行動應用程式的 React Native 等工具，開發人員和團隊現在能夠在所有應用程式中利用這些範例。

Just Enough React

在其餘章節中，我們將仰賴 React 函式庫來建構 UI。您不必具備任何 React 相關經驗也能理解，但在開始前先瞭解語法可能會有幫助。為此，我們將使用 create-react-app（*https://oreil.ly/dMQyk*）搭建新專案。create-react-app 是由 React 團隊開發的工具，讓我們可以快速設定新的 React 專案並提取基礎建構工具，例如 Webpack 和 Babel。

在終端機應用程式中，cd 到專案目錄並執行以下命令，這會在名稱為 *just-enough-react* 的資料夾中建立新的 React 應用程式：

```
$ npx create-react-app just-enough-react
$ cd just-enough-react
```

執行這些命令會在 *just-enough-react* 中輸出一個目錄，其中包含所有專案結構、程式碼相依性和開發指令碼，以建構功能齊全的應用程式。執行以下命令以啟動應用程式：

```
$ npm start
```

現在，在瀏覽器中前往 *http://localhost:3000* 可看到我們的 React 應用程式（圖 11-1）。

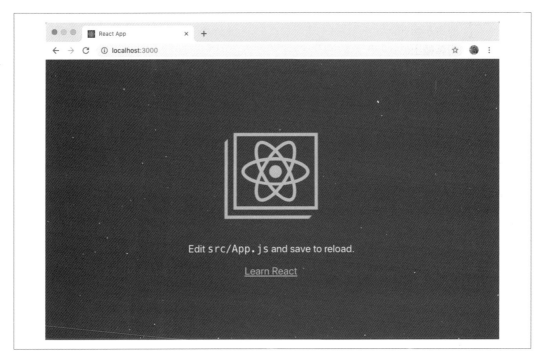

圖 11-1　輸入 npm start 將在瀏覽器中啟動預設的 create-react-app

我們現在可以開始變更 *src/App.js* 檔案以編輯應用程式。此檔案含有主要 React 元件。要求一些相依性後，其中的函式回傳一些類似 HTML 的標記：

```
function App() {
  return (
    // 標記在此處
  )
}
```

在元件中使用的標記有時稱為 *JSX*。JSX 是以 XML 為基礎的語法，與 HTML 類似，讓我們可以在 JavaScript 檔案中精確描述 UI 並將其與使用者操作結合。如果您熟悉 HTML，只要瞭解一點微小差異即可學會 JSX。在此例中，較大的差異在於 HTML 的 class 屬性被 className 取代，以避免與 JavaScript 的原生類別語法衝突。

JSX ？噁！

如果您和我一樣來自網頁標準以及嚴格的關注點分離背景，您可能會覺得
渾身不自在。我承認，我剛接觸 JSX 的時候非常不喜歡它。但 UI 邏輯與
轉譯輸出的結合帶來許多迷人的優點，您會隨著時間越來越喜歡它。

首先來自訂應用程式，移除大部分樣板程式碼並縮減成簡單的「Hello World!」：

```
import React from 'react';
import './App.css';

function App() {
  return (
    <div className="App">
      <p>Hello world!</p>
    </div>
  );
}


export default App;
```

您可能注意到，外圍 `<div>` 標籤包圍了所有的 JSX 內容。每個 React UI 元件都必須被
包含在父 HTML 元素中，或使用 React 片段來代表非 HTML 元素容器，例如：

```
function App() {
  return (
    <React.Fragment>
      <p>Hello world!</p>
    </React.Fragment>
  );
}
```

React 最強大的一點是我們可以直接在 JSX 中使用 JavaScript，只要封入大括號 {} 中即
可。我們更新 App 函式以利用一些變數：

```
function App() {
  const name = 'Adam'
  const now = String(new Date())
  return (
    <div className="App">
      <p>Hello {name}!</p>
      <p>The current time is {now}</p>
      <p>Two plus two is {2+2}</p>
    </div>
  );
}
```

在前面的例子中，您可以看到我們直接在介面中利用 JavaScript。很酷吧？

React 的另一個實用功能是將每個 UI 功能轉變成自己的元件。根據經驗法則，如果 UI 的某方面以獨立方式運作，應將它分離成自身的元件。我們來建立一個新元件。首先，在 *src/Sparkle.js* 建立新檔案並宣告新函式：

```
import React from 'react';

function Sparkle() {
  return (
    <div>

    </div>
  );
}

export default Sparkle;
```

現在增加一些功能。每當使用者按一下按鈕，就會為頁面增加火花表情符號（這對任何應用程式來說都是重要功能）。為此，我們將匯入 React 的 useState 元件並為元件定義一些初始狀態，這將是空字串（換句話說，沒有火花）。

```
import React, { useState } from 'react';

function Sparkle() {
  // 宣告初始元件狀態
  // 這是「sparkle」的變數，它是空字串
  // 我們也已定義「addSparkle」函式
  // 我們將在點擊處理常式中加以呼叫
  const [sparkle, addSparkle] = useState('');

  return (
    <div>
      <p>{sparkle}</p>
    </div>
  );
}

export default Sparkle;
```

狀態是什麼？

我們會在第 15 章詳細介紹狀態，元件的狀態代表元件中任何可能改變之資訊的目前狀態，現在先知道這一點可能會有所幫助。例如，如果 UI 元件有核取方塊，則勾選時的狀態為 true，未勾選時為 false。

現在，我們可以新增具有 **onClick** 功能的按鈕來完成元件。請注意駝峰式大小寫，這在 JSX 中是必要的：

```
import React, { useState } from 'react';

function Sparkle() {
  // 宣告初始元件狀態
  // 這是「sparkle」的變數，它是空字串
  // 我們也已定義「addSparkle」函式
  // 我們將在點擊處理常式中加以呼叫
  const [sparkle, addSparkle] = useState('');

  return (
    <div>
      <button onClick={() => addSparkle(sparkle + '\u2728')}>
        Add some sparkle
      </button>
      <p>{sparkle}</p>
    </div>
  );
}

export default Sparkle;
```

若要使用元件，我們可以將它匯入 *src/App.js* 檔案並宣告為 JSX 元素，如下所示：

```
import React from 'react';
import './App.css';

// 匯入 Sparkle 元件
import Sparkle from './Sparkle'

function App() {
  const name = 'Adam';
  let now = String(new Date());
  return (
    <div className="App">
      <p>Hello {name}!</p>
      <p>The current time is {now}</p>
      <p>Two plus two is {2+2}</p>
      <Sparkle />
    </div>
  );
}

export default App;
```

現在，如果在瀏覽器中前往我們的應用程式，則應會看到按鈕，按一下即可為頁面增加火花表情符號！這是 React 的強大功能之一。我們能夠重新轉譯個別元件或元件的元素，與應用程式的其餘部分隔離（圖 11-2）。

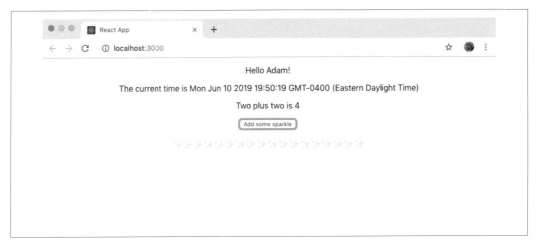

圖 11-2　按一下按鈕會更新元件狀態並為頁面增加內容

我們已使用 create-react-app 建立新的應用程式、更新 Application 元件的 JSX、建立新元件、宣告元件狀態，並以動態方式更新元件。對這些基礎有了基本瞭解後，我們現在已準備好使用 React 以 JavaScript 開發宣告式 UI。

結論

我們被各種裝置的使用者介面圍繞。JavaScript 和網頁技術帶來絕佳機會，可使用單一技術集合跨多個平台開發介面。同時，React 及其他宣告式檢視函式庫讓我們可以建構強大的動態應用程式。這些技術的結合讓開發人員能夠創造令人驚艷的成果，不必具備對於各個平台的專業知識。在接下來的章節中，我們將付諸實踐，利用 GraphQL API 建構網頁、桌面以及原生行動應用程式的介面。

## 第十二章

使用 React 建構網頁用戶端

超文字背後的原始構想是將相關文件連結在一起：如果學術論文 A 提及學術論文 B，只要按一下連結即可輕鬆在兩者之間切換。1989 年，CERN 軟體工程師 Tim Berners-Lee 提出將超文字與連網電腦結合的構想，讓人們輕鬆建立這些連線，不論文件位於何處。每個貓咪照片、新聞文章、推文、串流影片、求職網站和餐廳評論，都是拜全球連結文件的簡單構想所賜。

基本上，網頁仍然是將文件連結在一起的媒介。每一頁都是 HTML，在網頁瀏覽器中轉譯，帶有用於樣式的 CSS 以及用於強化的 JavaScript。現在，我們使用這些技術來建構一切，從個人部落格和小型手冊網站到複雜的互動式應用程式不等。網頁的基本優點是提供通用存取。任何人都只需要網頁瀏覽器以及與網路連線的裝置，創造海納百川的環境。

建構內容

在接下來的章節中，我們將為我們的社交註記應用程式 Notedly 建構網頁用戶端。使用者能夠建立並登入帳戶、以 Markdown 編寫註記、編輯註記、檢視其他使用者的註記摘要，以及將其他使用者的註記加入「我的最愛」。為了完成這一切，我們將與 GraphQL 伺服器 API 互動。

在我們的網頁應用程式中：

- 使用者能夠建立註記，並讀取、更新和刪除他們建立的註記。

- 使用者能夠檢視其他使用者建立的註記摘要並讀取其他人建立的個別註記，但無法加以更新或刪除。

- 使用者能夠建立帳戶、登入和登出。

- 使用者能夠擷取其個人檔案資訊以及其他使用者的公開個人檔案資訊。

- 使用者能夠將其他使用者的註記加入我的最愛以及擷取我的最愛清單。

這些功能涵蓋的範圍很廣，但在本書的此部分中，我們會將它們分成小部分。學會用這些功能建構 React 應用程式後，就能套用工具和技術建構各種豐富的網頁應用程式。

建構方式

您或許已猜到，為了建構此應用程式，我們將使用 React 做為用戶端 JavaScript 函式庫。此外，我們將從 GraphQL API 查詢資料。為了輔助資料查詢、變動和快取，我們將利用 Apollo Client（*https://oreil.ly/hAG_X*）。Apollo Client 包含用於處理 GraphQL 的開放原始碼工具集合。我們將使用 React 版本的函式庫，但 Apollo 團隊也已開發出 Angular、Vue、Scala.js、Native iOS 以及 Native Android 整合。

其他 *GraphQL Client* 函式庫

在本書中我們將使用 Apollo，但它並非唯一的 GraphQL 用戶端選項。Facebook 的 Relay（*https://relay.dev*）和 Formiddable 的 urql（*https://oreil.ly/q_deu*）是熱門的替代方案。

此外，我們將使用 Parcel（*https://parcel js.org*）做為程式碼打包工具。程式碼打包工具可讓我們使用網頁瀏覽器可能沒有的功能（例如較新的語言功能、程式碼模組、縮小）來編寫 JavaScript，並加以打包以便在瀏覽器環境中使用。Parcel 是免配置替代方案，可取代 Webpack（*https://webpack.js.org*）等應用程式建構工具。它提供許多很棒的功能，例如程式碼分割以及在開發過程中自動更新瀏覽器（又稱為**熱模組取代**），卻不必設定建構鏈。如您在上一章中所見，**create-react-app**（*https://oreil.ly/dMQyk*）也提供零配置初始設定，在背景使用 Webpack，但 Parcel 允許我們從零開始建構應用程式，我認為這樣的方式非常適合學習。

開始動工

開始開發之前，必須將專案起始檔案複製到電腦。專案的原始碼（*https://github.com/javascripteverywhere/web*）包含開發應用程式所需的所有指令碼和第三方函式庫參考。為了將程式碼複製到本機電腦，請開啟終端機，前往用來儲存專案的目錄，對專案儲存庫進行 `git clone`。如果您已讀過 API 章節，您可能也已建立 *notedly* 目錄來整理專案程式碼：

```
# 進入 Projects 目錄
$ cd
$ cd Projects
$ # 如果還沒有 notedly 目錄，請輸入「mkdir notedly」命令
$ cd notedly
$ git clone git@github.com:javascripteverywhere/web.git
$ cd web
$ npm install
```

安裝第三方相依性

只要複製本書的起始程式碼並在目錄中執行 `npm install`，就不必為任何個別第三方相依性再次執行 `npm install`。

程式碼的結構如下：

/src

您應遵循本書在此目錄中進行開發。

/solutions

此目錄包含各章的解決方案。如果您遇到問題，這些可以供您參考。

/final

此目錄包含最終有效專案。

現在本機電腦上已有程式碼，接著必須複製專案的 *.env* 檔案。此檔案用來保存我們所在環境特有的變數。例如，在本機工作時，指向 API 的本機執行個體，但部署應用程式時，則指向遠端部署的 API。為了複製範例 *.env* 檔案，請在終端機的 *web* 目錄中輸入：

```
$ cp .env.example .env
```

現在應在目錄中看到 .env 檔案。目前不必對此檔案做任何事，但隨著我們繼續開發 API 後端，之後將在其中加入資訊。專案隨附的 .gitignore 檔案將確保您不會不慎提交 .env 檔案。

 求救，我沒看到 .env 檔案！

預設情況下，作業系統會隱藏以句號開頭的檔案，因為這些檔案通常由系統使用，而不是給終端使用者使用。如果沒看到 .env 檔案，請嘗試在文字編輯器中開啟目錄。在編輯器的檔案瀏覽器中應可看見檔案。或者，在終端機視窗中輸入 ls -a，將會列出目前所在目錄中的檔案。

建構網頁應用程式

將起始程式碼複製到本機後，即可開始建構 React 網頁應用程式。我們先看看 *src/index. html* 檔案。這看起來像是標準但完全空白的 HTML 檔案，但請注意以下兩行：

```
<div id="root"></div>
<script src="./App.js"></script>
```

這兩行對我們的 React 應用程式非常重要。根 `<div>` 將提供承載整個應用程式的容器。同時，*App.js* 檔案將是 JavaScript 應用程式的進入點。

現在，我們可以開始在 *src/App.js* 檔案中開發 React 應用程式。如果您讀過上一章的 React 介紹，這一切可能會顯得眼熟。在 *src/App.js* 中，我們首先匯入 **react** 和 **react-dom** 函式庫：

```
import React from 'react';
import ReactDOM from 'react-dom';
```

我們現在要建立名稱為 **App** 的函式，這會回傳應用程式的內容。目前，這只是被包含在 `<div>` 元素中的兩行 HTML：

```
const App = () => {
  return (
    <div>
      <h1>Hello Notedly!</h1>
      <p>Welcome to the Notedly application</p>
    </div>
  );
};
```

這些 *div* 是做什麼用的？

如果您剛開始使用 React，您也許會好奇為何要用 <div> 標籤包圍元件。
React 元件必須被包含在父元素中，這通常是 <div> 標籤，但也可以是任
何其他適當的 HTML 標籤，例如 <section>、<header> 或 <nav>。如果包
含 HTML 標籤感覺是多餘的，我們可以改用 <React.Fragment> 或空的 <>
標籤來包含 JavaScript 程式碼中的元件。

最後，我們要指示 React 在 ID 為 **root** 的元素中轉譯應用程式，方式是加入：

```
ReactDOM.render(<App />, document.getElementById('root'));
```

src/App.js 檔案的完整內容現在應該是：

```
import React from 'react';
import ReactDOM from 'react-dom';

const App = () => {
  return (
    <div>
      <h1>Hello Notedly!</h1>
      <p>Welcome to the Notedly application</p>
    </div>
  );
};

ReactDOM.render(<App />, document.getElementById('root'));
```

完成後，我們看看網頁瀏覽器。在終端機應用程式中輸入 **npm run dev** 以啟動本機開
發伺服器。打包程式碼後，前往 *http://localhost:1234* 檢視頁面（圖 12-1）。

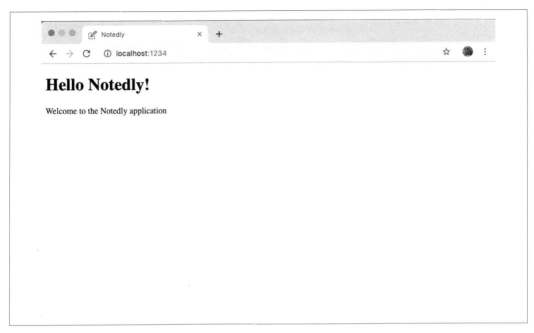

圖 12-1　在瀏覽器中執行的初始 React 應用程式

路由

網頁的主要特色之一是能夠將文件連結在一起。同樣地，我們的應用程式也要讓使用者能夠在畫面或頁面之間切換。在 HTML 轉譯的應用程式中，這會涉及建立多個 HTML 文件。每當使用者存取新文件，整份文件就會重新載入，即使兩個頁面上有標頭或頁尾等共用點也一樣。

在 JavaScript 應用程式中，我們可以利用用戶端路由。這在許多方面與 HTML 連結相似。使用者按一下連結，URL 更新，隨後進入新的畫面。差別在於我們的應用程式只會使用已變更的內容來更新頁面。體驗會很流暢且「類似應用程式」，看不到明顯的頁面重新整理。

在 React 中，最常使用的路由函式庫是 React Router（*https://oreil.ly/MhQQR*）。此函式庫讓我們能夠為 React 網頁應用程式增加路由功能。為了將路由導入應用程式，我們先建立 *src/pages* 目錄並增加以下檔案：

- */src/pages/index.js*

- *//src/pages/home.js*

- *//src/pages/mynotes.js*

- */src/pages/favorites.js*

Our home.js、*mynotes.js*、*favorites.js* 檔案將是個別頁面元件。我們可以用一些初始內容和 effect hook 來建立各個元件,勾點將在使用者進入頁面時更新文件標題。

在 *src/pages/home.js* 中:

```
import React from 'react';

const Home = () => {
  return (
    <div>
      <h1>Notedly</h1>
      <p>This is the home page</p>
    </div>
  );
};

export default Home;
```

在 *src/pages/mynotes.js*:

```
import React, { useEffect } from 'react';

const MyNotes = () => {
  useEffect(() => {
    // 更新文件標題
    document.title = 'My Notes — Notedly';
  });

  return (
    <div>
      <h1>Notedly</h1>
      <p>These are my notes</p>
    </div>
  );
};

export default MyNotes;
```

在 *src/pages/favorites.js*：

```
import React, { useEffect } from 'react';

const Favorites = () => {
  useEffect(() => {
    // 更新文件標題
    document.title = 'Favorites - Notedly';
  });

  return (
    <div>
      <h1>Notedly</h1>
      <p>These are my favorites</p>
    </div>
  );
};

export default Favorites;
```

useEffect

在上一個例子中，我們使用 React 的 **useEffect** 勾點設定頁面標題。Effect 勾點讓我們將副作用納入元件中，更新與元件本身無關的內容。如果您感興趣，React 的文件提供了對 effect 勾點的深入探討（*https://oreil.ly/VkpTZ*）。

現在，在 *src/pages/index.js* 中，我們透過 `react-router-dom` 套件匯入 React Router 和網頁瀏覽器路由所需的方法：

```
import React from 'react';
import { BrowserRouter as Router, Route } from 'react-router-dom';
```

接著，匯入剛才建立的頁面元件：

```
import Home from './home';
import MyNotes from './mynotes';
import Favorites from './favorites';
```

最後，我們將建立的各個頁面元件指定為具有特定 URL 的路徑。請注意，「Home」路徑使用 **exact**，這將確保只針對根 URL 轉譯首頁元件：

```
const Pages = () => {
  return (
```

```
    <Router>
      <Route exact path="/" component={Home} />
      <Route path="/mynotes" component={MyNotes} />
      <Route path="/favorites" component={Favorites} />
    </Router>
  );
};

export default Pages;
```

完整的 *src/pages/index.js* 檔案現在應如下所示：

```
// 匯入 React 和路由相依性
import React from 'react';
import { BrowserRouter as Router, Route } from 'react-router-dom';

// 匯入路徑
import Home from './home';
import MyNotes from './mynotes';
import Favorites from './favorites';

// 定義路徑
const Pages = () => {
  return (
    <Router>
      <Route exact path="/" component={Home} />
      <Route path="/mynotes" component={MyNotes} />
      <Route path="/favorites" component={Favorites} />
    </Router>
  );
};

export default Pages;
```

最後，我們可以透過匯入路徑並轉譯元件來更新 *src/App.js* 檔案以使用路徑：

```
import React from 'react';
import ReactDOM from 'react-dom';

// 匯入路徑
import Pages from '/pages';

const App = () => {
  return (
    <div>
      <Pages />
    </div>
```

```
    );
};

ReactDOM.render(<App />, document.getElementById('root'));
```

現在如果在網頁瀏覽器中手動更新 URL，應能檢視各個元件。例如，輸入 **http://localhost:1234/favorites** 以轉譯「我的最愛」頁面。

連結

我們已建立頁面，但還缺少將它們連結在一起的關鍵元件。因此，我們在首頁增加一些其他頁面的連結。為此，我們將使用 React Router 的 Link 元件。

在 *src/pages/home.js* 中：

```
import React from 'react';
// 從 react-router 匯入 Link 元件
import { Link } from 'react-router-dom';

const Home = () => {
  return (
    <div>
      <h1>Notedly</h1>
      <p>This is the home page</p>
      { /* 新增連結清單 */ }
      <ul>
        <li>
          <Link to="/mynotes">My Notes</Link>
        </li>
        <li>
          <Link to="/favorites">Favorites</Link>
        </li>
      </ul>
    </div>
  );
};

export default Home;
```

如此一來，就能瀏覽應用程式。按一下首頁上的任一連結，將會前往對應的頁面元件；上一頁和下一頁按鈕等主要的瀏覽器導覽功能也將繼續運作。

UI 元件

我們已成功建立個別頁面元件，並且可在元件之間切換。建構頁面時，頁面會有一些共用的使用者介面元素，例如標頭和全站導覽。在每次使用時重新編寫很沒效率（也很煩人）。我們可以編寫可重複使用的介面元件，並在需要時匯入至介面中。事實上，將 UI 視為由微小的元件組成是 React 的重點之一，也是我理解架構時的一大突破。

我們先為應用程式建立標頭和導覽元件。首先，我們在 *src* 目錄中建立名稱為 *components* 的新目錄。在 *src/components* 目錄中，我們建立了兩個名稱為 *Header.jsa* 和 *Navigation.js* 的新檔案。React 元件必須大寫，所以我們也遵循將檔案名稱大寫的慣例。

首先，在 *src/components/Header.js* 中編寫標頭元件。為此，我們將匯入 *logo.svg* 檔案並為元件增加對應的標記：

```
import React from 'react';
import logo from '../img/logo.svg';

const Header = () => {
  return (
    <header>
      <img src={logo} alt="Notedly Logo" height="40" />
      <h1>Notedly</h1>
    </header>
  );
};

export default Header;
```

至於導覽元件，我們將匯入 React Router 的 Link 功能並標記無順序的連結清單。

在 *src/components/Navigation.js* 中：

```
import React from 'react';
import { Link } from 'react-router-dom';

const Navigation = () => {
  return (
    <nav>
      <ul>
        <li>
          <Link to="/">Home</Link>
        </li>
        <li>
```

```
          <Link to="/mynotes">My Notes</Link>
        </li>
        <li>
          <Link to="/favorites">Favorites</Link>
        </li>
      </ul>
    </nav>
  );
};

export default Navigation;
```

在螢幕擷取畫面中可看到，我也加入了表情符號字元做為導覽圖示。如果您要照做，用來加入表情符號字元的可存取標記如下：

```
<span aria-hidden="true" role="img">
  <!-- emoji character -->
</span>
```

完成標頭和導覽元件後，即可在應用程式中使用它們。我們更新 *src/pages/home.js* 檔案以加入元件。首先匯入，然後在 JSX 標記中加入元件。

src/pages/home.js 現在如下所示（圖 12-2）：

```
import React from 'react';

import Header from '../components/Header';
import Navigation from '../components/Navigation';

const Home = () => {
  return (
    <div>
      <Header />
      <Navigation />
      <p>This is the home page</p>
    </div>
  );
};

export default Home;
```

圖 12-2　透過 React 元件，我們能夠輕鬆撰寫可共用的 UI 功能

這就是在應用程式中建立可共用元件所需的一切。欲深入瞭解如何在 UI 中使用元件，強烈建議您閱讀 React 文件頁面「Thinking in React」（*https://oreil.ly/n6o1Z*）。

結論

網頁仍是發佈應用程式最重要的媒介。它將通用存取與開發人員部署即時更新的能力結合。在本章中，我們在 React 中建構 JavaScript 網頁應用程式的基礎。在下一章中，我們將使用 React 元件和 CSS-in-JS 為應用程式增加版面配置和樣式。

## 第十三章

將應用程式樣式化

在 Elvis Costello 1978 年的歌曲「Lip Service」中，有句歌詞是「don't act like you're above me, just look at your shoes」。這句歌詞的意思是，只要看人的鞋子就可以察覺對方試圖提高自己的社會地位，不管他們的西裝多麼筆挺或禮服多麼高雅。不論好壞，風格都是人類文化的重要部分，我們都習慣接受這種社交暗示。人類學家甚至發現，舊石器時代的人類用骨頭、牙齒、莓果、石頭製作項鍊和手環。我們的衣服不僅有保護身體抵禦大自然的功能用途，也是向他人傳達自己的文化、社會地位、興趣等訊息的方式。

網頁應用程式可在只有網頁預設樣式的情況下運作，但只要套用 CSS，我們就能更清楚地和使用者溝通。在本章中，我們將探討如何使用 CSS-in-JS Styled Components 函式庫將版面配置和樣式導入至應用程式。如此一來，即可在可維護、以元件為基礎的程式碼結構中創造更好用、更美觀的應用程式。

建立版面配置元件

應用程式的許多頁面使用相同的版面配置，以我們的案例而言則是所有頁面。例如，我們的應用程式的所有頁面都有標頭、側邊欄、內容區域（圖 13-1）。與其在每個頁面元件中匯入共用的版面配置元素，不如專為版面配置建立元件並將每個頁面元件包在其中。

圖 13-1　頁面版面配置線框圖

為了建立元件，我們先在 *src/components/Layout.js* 建立新檔案。在此檔案中，我們將匯入共用元件並設計內容的版面配置。React 元件函式會接受 children 的屬性，讓我們指定子內容在版面配置中的出現位置。我們也將利用空的 <React.Fragment> JSX 元素以避免無關的標記。

我們在 *src/components/Layout.js* 中建立元件：

```
import React from 'react';

import Header from './Header';
import Navigation from './Navigation';

const Layout = ({ children }) => {
  return (
    <React.Fragment>
      <Header />
      <div className="wrapper">
        <Navigation />
        <main>{children}</main>
      </div>
    </React.Fragment>
  );
};

export default Layout;
```

現在，在 *src/pages/index.js* 檔案中，我們可以將頁面元件包在新建立的 Layout 元件中，對每一頁套用共用版面配置：

```javascript
// 匯入 React 和路由相依性
import React from 'react';
import { BrowserRouter as Router, Route } from 'react-router-dom';

// 匯入共用版面配置元件
import Layout from '../components/Layout';

// 匯入路徑
import Home from './home';
import MyNotes from './mynotes';
import Favorites from './favorites';

// 定義路徑
const Pages = () => {
  return (
    <Router>
      {/* 將路徑包在 Layout 元件中 */}
      <Layout>
        <Route exact path="/" component={Home} />
        <Route path="/mynotes" component={MyNotes} />
        <Route path="/favorites" component={Favorites} />
      </Layout>
    </Router>
  );
};

export default Pages;
```

最後一步是移除頁面元件中的所有 `<Header>` 或 `<Navigation>` 執行個體。例如，*src/pages/Home.js* 檔案現在具有以下簡化程式碼：

```javascript
import React from 'react';

const Home = () => {
  return (
    <div>
      <p>This is the home page</p>
    </div>
  );
};

export default Home;
```

完成後，即可在瀏覽器中檢視應用程式。當您在路徑之間切換，您會看到每一頁上都出現標頭和導覽連結。目前，它們尚未樣式化，並且我們的頁面沒有視覺版面配置。我們將在下一節中探討新增樣式。

CSS

顧名思義，階層式樣式表是讓我們編寫網頁樣式的規則集合。樣式形成「階層」，表示將轉譯最後或定義最明確的樣式。例如：

```
p {
  color: green
}

p {
  color: red
}
```

此 CSS 會將所有段落轉譯為紅色，使 color: green 規則失效。這是非常簡單的概念，卻造就數十種模式和技術以協助避開陷阱。BEM（block element modifier）、OOCSS（object-oriented CSS）、Atomic CSS 等 CSS 結構技術使用規範性類別命名來界定樣式範圍。SASS（syntatically awesome stylesheets）和 Less（leaner stylesheets）等前置處理器提供簡化 CSS 語法和啟用模組化檔案的工具。雖然這些各有優點，但 CSS-in-JavaScript 提供開發 React 或其他 JavaScript 驅動應用程式的絕佳使用案例。

那麼 *CSS 架構呢？*

CSS 和 UI 架構成為開發應用程式的熱門選項並不是沒有原因的。它們提供可靠的樣式基準，並為常見的應用程式模式提供樣式和功能以減少開發人員必須編寫的程式碼數量。代價是使用這些架構的應用程式可能在視覺上相似，且可能增加檔案包大小。然而，這樣的代價可能對您來說是值得的。就使用 React 而言，我個人喜歡的 UI 架構包括 Ant Design（*https://ant.design*）、Bootstrap（*https://oreil.ly/XJm-B*）、Grommet（*https://v2.grommet.io*）、Rebass（*https://rebassjs.org*）。

CSS-in-JS

我剛接觸 CSS-in-JS 的時候，第一個反應是驚慌失措。我在網頁標準時代度過網頁開發生涯的成長階段。我不斷提倡網頁開發的可及性以及合理的漸進增強。「關注點分離」是我十多年來的網頁實務重點。所以，如果您和我一樣，光是看到「CSS-in-JS」就覺得討厭，您並不孤單。然而，當我仔細（且不帶批判地）試用過後，很快就被說服了。CSS-in-JS 可以輕易地將使用者介面視為一連串的元件，我多年來一直嘗試透過結構技術與 CSS 前置處理器的結合來辦到這一點。

在本書中，我們將使用樣式化元件（*https://www.styled-components.com*）做為 CSS-in-JS 函式庫。它快速、靈活、持續開發中，也是最熱門的 CSS-in-JS 函式庫。它也被 Airbnb、Reddit、Patreon、Lego、BBC News、Atlassian 等公司採用。

樣式化元件函式庫的運作方式是允許我們使用 JavaScript 的範本常值語法來定義元素的樣式。我們建立參照 HTML 元素及其相關樣式的 JavaScript 變數。因為這聽起來很抽象，讓我們來看個簡單例子：

```
import React from 'react';
import styled from 'styled-components'

const AlertParagraph = styled.p`
  color: green;
`;

const ErrorParagraph = styled.p`
  color: red;
`;

const Example = () => {
  return (
    <div>
      <AlertParagraph>This is green.</AlertParagraph>
      <ErrorParagraph>This is red.</ErrorParagraph>
    </div>
  );
};

export default Example;
```

如您所見，我們可以輕鬆界定樣式範圍。此外，我們將樣式範圍界定在特定元件。這有助於避免應用程式的不同部分之間發生類別名稱衝突。

建立按鈕元件

我們已對樣式化元件有了基本瞭解,接著將它們整合至應用程式。首先,我們為 `<button>` 元素編寫一些樣式,以便在整個應用程式中重複使用元件。在上一個例子中,我們整合了樣式和 React/JSX 程式碼,但我們也可以編寫獨立的樣式化元件。首先,在 *src/components/Button.js* 中建立新檔案,從 styled-components 匯入 styled 函式庫,並設定可匯出的元件做為範本常值,如下所示:

```
import styled from 'styled-components';

const Button = styled.button`
  /* 樣式將在此處 */
`;

export default Button;
```

完成元件後,我們可以加入一些樣式。增加一些基準按鈕樣式以及懸停和使用中狀態樣式,如下所示:

```
import styled from 'styled-components';

const Button = styled.button`
  display: block;
  padding: 10px;
  border: none;
  border-radius: 5px;
  font-size: 18px;
  color: #fff;
  background-color: #0077cc;
  cursor: pointer;

  :hover {
    opacity: 0.8;
  }

  :active {
    background-color: #005fa3;
  }
`;

export default Button;
```

現在,我們可以在整個應用程式中使用按鈕。例如,若要在應用程式的首頁上使用,我們可以匯入元件並在通常使用 `<button>` 的位置使用 `<Button>` 元素。

在 *src/pages/home.js* 中：

```
import React from 'react';

import Button from '../components/Button';

const Home = () => {
  return (
    <div>
      <p>This is the home page</p>
      <Button>Click me!</Button>
    </div>
  );
};

export default Home;
```

至此，我們已編寫可在應用程式中的任何位置使用的樣式化元件。這確保了可維護性，因為我們可以輕鬆找出樣式並在程式碼基底中加以變更。此外，我們可以將樣式化元件與標記結合，以便建立小型、可重複使用、可維護的元件。

新增全域樣式

雖然許多樣式被包含在個別元件中，但每個網站或應用程式也有全域樣式集合（例如 CSS 重設、自行、基準色彩）。我們可以建立 *GlobalStyle.js* 元件以容納這些樣式。

這看起來會與上一個例子稍微不同，因為我們要建立樣式表，而不是附加於特定 HTML 元素的樣式。為此，我們將從 styled-components 匯入 createGlobalStyle 模組。我們也將匯入 normalize.css 函式庫（*https://oreil.ly/i4lyd*）以確保不同瀏覽器轉譯一致的 HTML 元素。最後，我們為應用程式的 HTML body 和預設連結樣式增加一些全域規則。

在 *src/components/GlobalStyle.js* 中：

```
// 匯入 createGlobalStyle 並正規化
import { createGlobalStyle } from 'styled-components';
import normalize from 'normalize.css';

// 我們可以將 CSS 編寫成 JS 範本常值
export default createGlobalStyle`
  ${normalize}

  *, *:before, *:after {
```

```
    box-sizing: border-box;
  }

  body,
  html {
    height: 100%;
    margin: 0;
  }

  body {
    font-family: -apple-system, BlinkMacSystemFont, 'Segoe UI', Roboto,
      Oxygen-Sans, Ubuntu, Cantarell, 'Helvetica Neue', sans-serif;
    background-color: #fff;
    line-height: 1.4;
  }

  a:link,
  a:visited {
    color: #0077cc;
  }

  a:hover,
  a:focus {
    color: #004499;
  }

  code,
  pre {
    max-width: 100%;
  }
`;
```

為了套用這些樣式，我們將它們匯入至 *App.js* 檔案並為應用程式增加 `<Global Style />` 元素：

```
import React from 'react';
import ReactDOM from 'react-dom';

// 匯入全域樣式
import GlobalStyle from '/components/GlobalStyle';
// 匯入路徑
import Pages from '/pages';

const App = () => {
  return (
    <div>
```

```
      <GlobalStyle />
      <Pages />
    </div>
  );
};

ReactDOM.render(<App />, document.getElementById('root'));
```

如此一來，全域樣式將被套用至應用程式。在瀏覽器中預覽應用程式時，會看到字型已改變，連結有了新的樣式，邊界已被移除（圖 13-2）。

圖 13-2　應用程式現在已套用全域樣式

元件樣式

我們已將一些全域樣式套用至應用程式，接著可以開始設計個別元件樣式。在此過程中，我們也將導入應用程式的整體版面配置。針對各個樣式化元件，我們先從 styled-components 匯入 styled 函式庫。接著，定義一些元素樣式做為變數。最後，我們將在 React 元件的 JSX 中使用這些元素。

樣式化元件命名

為了避免與 HTML 元素衝突，必須將樣式化元件的名稱大寫。

我們可以從 *src/components/Layout.js* 開始，我們將在其中新增樣式至結構性 `<div>` 和 `<main>` 標籤以用於應用程式的版面配置。

```
import React from 'react';
import styled from 'styled-components';

import Header from './Header';
import Navigation from './Navigation';

// 元件樣式
const Wrapper = styled.div`
  /* 我們可以在樣式化元件中套用媒體查詢樣式 */
  /* 這只會針對寬度 700px 以上的螢幕套用版面配置 */
  @media (min-width: 700px) {
    display: flex;
    top: 64px;
    position: relative;
    height: calc(100% - 64px);
    width: 100%;
    flex: auto;
    flex-direction: column;
  }
`;

const Main = styled.main`
  position: fixed;
  height: calc(100% - 185px);
  width: 100%;
  padding: 1em;
  overflow-y: scroll;
  /* 再次將媒體查詢樣式套用至 700px 以上的螢幕 */
  @media (min-width: 700px) {
    flex: 1;
    margin-left: 220px;
    height: calc(100% - 64px);
    width: calc(100% - 220px);
  }
`;

const Layout = ({ children }) => {
  return (
    <React.Fragment>
      <Header />
      <Wrapper>
        <Navigation />
        <Main>{children}</Main>
      </Wrapper>
    </React.Fragment>
  );
```

```
  };

  export default Layout;
```

完成 *Layout.js* 元件後，我們可以新增一些樣式至 *Header.js* 和 *Navigation.js* 檔案：

在 *src/components/Header.js* 中：

```
  import React from 'react';
  import styled from 'styled-components';
  import logo from '../img/logo.svg';

  const HeaderBar = styled.header`
    width: 100%;
    padding: 0.5em 1em;
    display: flex;
    height: 64px;
    position: fixed;
    align-items: center;
    background-color: #fff;
    box-shadow: 0 0 5px 0 rgba(0, 0, 0, 0.25);
    z-index: 1;
  `;

  const LogoText = styled.h1`
    margin: 0;
    padding: 0;
    display: inline;
  `;

  const Header = () => {
    return (
      <HeaderBar>
        <img src={logo} alt="Notedly Logo" height="40" />
        <LogoText>Notedly</LogoText>
      </HeaderBar>
    );
  };

  export default Header;
```

最後，在 *src/components/Navigation.js* 中：

```
  import React from 'react';
  import { Link } from 'react-router-dom';
  import styled from 'styled-components';
```

```
const Nav = styled.nav`
  padding: 1em;
  background: #f5f4f0;

  @media (max-width: 700px) {
    padding-top: 64px;
  }

  @media (min-width: 700px) {
    position: fixed;
    width: 220px;
    height: calc(100% - 64px);
    overflow-y: scroll;
  }
`;

const NavList = styled.ul`
  margin: 0;
  padding: 0;
  list-style: none;
  line-height: 2;

  /* 我們可以在樣式化元件中將樣式巢狀化 */
  /* 以下樣式將套用至 NavList 元件中的連結 */
  a {
    text-decoration: none;
    font-weight: bold;
    font-size: 1.1em;
    color: #333;
  }

  a:visited {
    color: #333;
  }

  a:hover,
  a:focus {
    color: #0077cc;
  }
`;

const Navigation = () => {
  return (
    <Nav>
      <NavList>
```

```
        <li>
          <Link to="/">Home</Link>
        </li>
        <li>
          <Link to="/mynotes">My Notes</Link>
        </li>
        <li>
          <Link to="/favorites">Favorites</Link>
        </li>
      </NavList>
    </Nav>
  );
};

export default Navigation;
```

套用這些樣式後,我們現在有了完全樣式化的應用程式(圖 13-3)。之後,我們可以在建立個別元件時套用樣式。

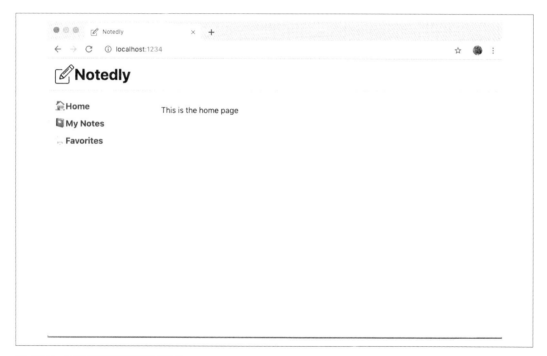

圖 13-3　已套用樣式的應用程式

結論

在本章中，我們將版面配置和樣式導入應用程式。我們可以使用 CSS-in-JS 函式庫 Styled Components 編寫簡潔且界定範圍的 CSS 樣式。隨後可將這些樣式套用至個別元件或整個應用程式。在下一章中，我們將建置 GraphQL 用戶端並呼叫 API，邁向功能完整的應用程式。

## 第十四章

使用 Apollo Client

我對第一次上網記憶猶新。電腦數據機撥接至與網際網路服務提供者（ISP）連線的本地號碼，讓我自由上網。當時感覺如此神奇，卻與現在的立即隨時連線天差地遠。當時的流程如下：

1. 坐在電腦前開啟 ISP 軟體。

2. 按一下「連線」，等待數據機撥接。

3. 如果連線成功，會聽到美妙的「數據機聲音」。如果失敗，例如在線路過載或繁忙的尖峰時段，則重試。

4. 連線後，會收到成功通知，即可瀏覽充滿 GIF 的 90 年代風格網路。

此過程似乎很繁瑣，但仍代表服務彼此通訊的方式：要求連線、建立連線、傳送要求，然後得到回應。我們的用戶端應用程式將以相同方式運作。首先，與伺服器 API 應用程式建立連線，如果成功，則向該伺服器提出要求。

在本章中，我們將使用 Apollo Client 連線至 API。連線後，我們將編寫用來在頁面上顯示資料的 GraphQL 查詢。我們也將在 API 查詢和介面元件中導入分頁。

在本機執行 API

開發網頁用戶端應用程式必須存取 API 的本機執行個體。如果您依序閱讀本書，您可能已在電腦上讓 Notedly API 及其資料庫開始運作。如果沒有，附錄 A 中有關於如何讓 API 複本開始運作的說明以及一些範例資料。如果您已讓 API 開始運作，但想要使用一些其他資料，請從 API 專案目錄的根執行 `npm run seed`。

設定 Apollo Client

Apollo Client 與 Apollo Server 非常相似，提供許多實用功能以簡化在 JavaScript UI 應用程式中使用 GraphQL 的方式。Apollo Client 提供的函式庫用途包括將網頁用戶端連接至 API、本機快取、GraphQL 語法、本機狀態管理等等。我們也會將 Apollo Client 與 React 應用程式搭配使用，但 Apollo 也提供 Vue、Angular、Meteor、Ember、Web Components 的函式庫。

首先，我們要確保 *.env* 案包含對本機 API URI 的參照。如此一來，即可在開發過程中使用本機 API 執行個體，將應用程式發佈至公用網頁伺服器時，則指向產品 API。在 *.env* 檔案中，應有具備本機 API 伺服器位址的 **API_URI** 變數：

```
API_URI=http://localhost:4000/api
```

程式碼打包工具 Parcel 被設定成自動處理 *.env* 檔案。若要在程式碼中參照 *.env* 數，我們可以使用 `process.env.`*VARIABLE_NAME*。如此一來，即可在本機開發、生產及任何其他我們可能需要的環境（例如預備或持續整合）中使用唯一值。

將位址儲存在環境變數中後，我們要將網頁用戶端連線至 API 伺服器。在 *src/App.js* 檔案中，首先必須匯入要使用的 Apollo 套件：

```
// 匯入 Apollo Client 函式庫
import { ApolloClient, ApolloProvider, InMemoryCache } from '@apollo/client';
```

匯入後，我們可以配置新的 Apollo Client 執行個體、傳遞 API URI、啟動快取，並啟用本機 Apollo 開發人員工具：

```
// 配置 API URI 和快取
const uri = process.env.API_URI;
const cache = new InMemoryCache();
```

```
// 配置 Apollo client
const client = new ApolloClient({
  uri,
  cache,
  connectToDevTools: true
});
```

最後，我們可以將 React 應用程式連線至 Apollo Client，方式是將它包在 ApolloProvider 中。我們將空的 <div> 標籤換成 <ApolloProvider> 並加入用戶端做為連線：

```
const App = () => {
  return (
    <ApolloProvider client={client}>
      <GlobalStyle />
      <Pages />
    </ApolloProvider>
  );
};
```

整體而言，*src/App.js* 檔案現在應如下所示：

```
import React from 'react';
import ReactDOM from 'react-dom';

// 匯入 Apollo Client 函式庫
import { ApolloClient, ApolloProvider, InMemoryCache } from '@apollo/client';

// 全域樣式
import GlobalStyle from '/components/GlobalStyle';
// 匯入路徑
import Pages from '/pages';

// 配置 API URI 和快取
const uri = process.env.API_URI;
const cache = new InMemoryCache();

// 配置 Apollo Client
const client = new ApolloClient({
  uri,
  cache,
  connectToDevTools: true
});

const App = () => (
  <ApolloProvider client={client}>
```

```
      <GlobalStyle />
      <Pages />
    </ApolloProvider>
  );

  ReactDOM.render(<App />, document.getElementById('root'));
```

用戶端連線至 API 伺服器後，我們現在可以將 GraphQL 查詢和變數整合至應用程式。

查詢 API

當查詢 API 時，即表示我們在要求資料。在 UI 用戶端中，我們必須能夠查詢該資料並顯示給使用者。Apollo 讓我們能夠撰寫查詢以擷取資料。我們隨後可以更新 React 元件，向終端使用者顯示資料。我們可以編寫 noteFeed 查詢以探索查詢的用法，此查詢將回傳最新註記摘要給使用者並顯示在應用程式的首頁上。

我第一次編寫查詢時，發現以下流程很有用：

1. 思考查詢必須回傳哪些資料。

2. 在 GraphQL Playground 中編寫查詢。

3. 將查詢整合至用戶端應用程式。

讓我們依照此流程草擬查詢。如果您已讀過本書的 API 部分，您也許還記得 noteFeed 查詢會回傳 10 個註記的清單以及 cursor（指示回傳的最後一個註記的位置）和 hasNextPage 布林值（讓我們判斷是否有更多註記要載入）。我們可以在 GraphQL Playground 中檢視結構描述，查看所有可用的資料選項。就我們的查詢而言，最有可能要求以下資訊：

```
{
  cursor
  hasNextPage
  notes {
    id
    createdAt
    content
    favoriteCount
    author {
      id
      username
```

```
                avatar
            }
        }
    }
```

現在，在 GraphQL Playground 中，我們可以將此填入 GraphQL 查詢。我們為查詢命
名並提供名稱為 cursor 的選用變數，這會比伺服器章節中的查詢更冗長。為了使用
GraphQL Playground，請先確定 API 伺服器正在執行，然後前往 *http://localhost:4000/*
api。在 GraphQL Playground 中，加入以下查詢：

```
query noteFeed($cursor: String) {
    noteFeed(cursor: $cursor) {
        cursor
        hasNextPage
        notes {
            id
            createdAt
            content
            favoriteCount
            author {
                username
                id
                avatar
            }
        }
    }
}
```

在 GraphQL Playground 中，也加入「查詢變數」以測試變數的使用：

```
{
    "cursor": ""
}
```

為了測試此變數，請將空字串換成資料庫中任一註記的 ID 值（圖 14-1）。

圖 14-1　GraphQL Playground 中的 noteFeed 查詢

現在，我們知道查詢已正確編寫，可以放心地將它整合到網頁應用程式。在 *src/pages/home.js* 案中，透過來自 @apollo/client 的 gql 函式庫匯入 useQuery 函式庫以及 GraphQL 語法：

```
// 匯入所需函式庫
import { useQuery, gql } from '@apollo/client';

// 我們的 GraphQL 查詢，儲存為變數
const GET_NOTES = gql`
  query NoteFeed($cursor: String) {
    noteFeed(cursor: $cursor) {
      cursor
      hasNextPage
      notes {
        id
        createdAt
        content
        favoriteCount
        author {
          username
          id
```

```
          avatar
        }
      }
    }
  }
`;
```

我們現在可以將查詢整合至 React 應用程式。為此,我們將 GraphQL 查詢字串傳遞至 Apollo 的 useQuery React 勾點。勾點將回傳包含以下任一值的物件:

data

查詢回傳的資料(如果成功)。

loading

載入狀態,正在取得資料時設為 true。我們可以向使用者顯示載入指標。

error

如果找不到資料,則回傳錯誤至應用程式。

我們可以更新 Home 元件以加入查詢:

```
const Home = () => {
  // 查詢勾點
  const { data, loading, error, fetchMore } = useQuery(GET_NOTES);

  // 若正在載入資料,則顯示正在載入訊息
  if (loading) return <p>Loading...</p>;
  // 若擷取資料時發生錯誤,則顯示錯誤訊息
  if (error) return <p>Error!</p>;

  // 若資料成功,則在 UI 中顯示資料
  return (
    <div>
      {console.log(data)}
      The data loaded!
    </div>
  );
};

export default Home;
```

如果一切順利完成，應會在應用程式首頁上看到「The data loaded!」訊息（圖 14-2）。
我們也加入了 `console.log` 陳述式，將資料列印至瀏覽器主控台。將資料整合至應用程
式時，查看資料結果的結構將會很有幫助。

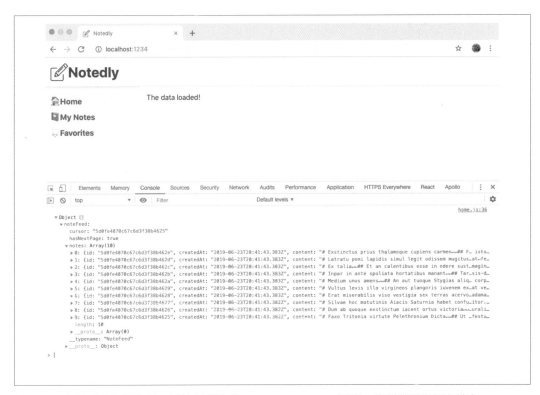

圖 14-2　如果成功取得資料，元件會顯示「The data loaded!」訊息，資料將列印至主控台

現在，我們將得到的資料整合至應用程式。為此，我們對資料中回傳的註記陣列進行
map。React 要求為各個結果分配唯一機碼，我們將使用個別註記的 ID。首先，我們針
對各個註記顯示作者的使用者名稱：

```
const Home = () => {
  // 查詢勾點
  const { data, loading, error, fetchMore } = useQuery(GET_NOTES);

  // 若正在載入資料，則顯示正在載入訊息
  if (loading) return <p>Loading...</p>;
  // 若擷取資料時發生錯誤，則顯示錯誤訊息
  if (error) return <p>Error!</p>;
```

```
    // 若資料成功，則在 UI 中顯示資料
    return (
      <div>
        {data.noteFeed.notes.map(note => (
          <div key={note.id}>{note.author.username}</div>
        ))}
      </div>
    );
  };
```

使用 *JavaScript* 的 *map()* 方法

如果您不曾用過 JavaScript 的 `map()` 方法，此語法一開始可能有點令人
卻步。`map()` 方法可讓您對陣列中的項目執行操作。這在處理從 API 回傳
的資料時非常有用，它可讓您執行操作，例如在範本中以特定方式顯示各
個項目。欲深入瞭解 `map()`，建議您閱讀 MDN Web Docs 指南（*https://
oreil.ly/Oca3y*）。

如果資料庫中有資料，您現在應會在頁面上看到使用者名稱清單（圖 14-3）。

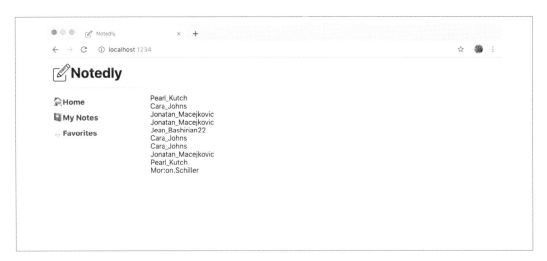

圖 14-3　來自資料的使用者名稱，列印至畫面

我們已成功對映資料，接著可以編寫元件的其餘部分。由於註記是用 Markdown 編寫，
所以我們匯入可將 Markdown 轉譯至頁面的函式庫。

在 *src/pages/home.js* 中：

```
import ReactMarkdown from 'react-markdown';
```

我們現在可以更新 UI 以加入作者的頭像、作者的使用者名稱、註記建立日期、註記被列為最愛的次數，以及註記本身的內容。在 *src/pages/home.js* 中：

```
// 若資料成功，則在 UI 中顯示資料
return (
  <div>
    {data.noteFeed.notes.map(note => (
      <article key={note.id}>
      <img
          src={note.author.avatar}
          alt={`${note.author.username} avatar`}
          height="50px"
       />{' '}
        {note.author.username} {note.createdAt} {note.favoriteCount}{' '}
        <ReactMarkdown source={note.content} />
      </article>
    ))}
  </div>
);
```

React 中的空白

React 會去除新列上的元素之間的空白。在標記中使用 {' '} 是手動加入空白的方法。

您現在應在瀏覽器中看到註記的完整清單。但在開始樣式化之前，有機會進行小幅度的重構。這是顯示註記的第一頁，但我們還會製作更多頁面。在其他頁面上，我們必須顯示個別註記以及其他註記類型的摘要（例如「我的註記」和「我的最愛」）。我們來建立兩個新元件：*src/components/Note.js* 和 *src/components/NoteFeed.js*。

在 *src/components/Note.js* 中，我們將加入個別註記的標記。為此，我們將包含對應內容的屬性傳遞給各個元件函式。

```
import React from 'react';
import ReactMarkdown from 'react-markdown';

const Note = ({ note }) => {
  return (
    <article>
```

```
      <img
        src={note.author.avatar}
        alt="{note.author.username} avatar"
        height="50px"
      />{' '}
      {note.author.username} {note.createdAt} {note.favoriteCount}{' '}
      <ReactMarkdown source={note.content} />
    </article>
  );
};

export default Note;
```

現在，針對 *src/components/NoteFeed.js* 元件：

```
import React from 'react';
import Note from './Note';

const NoteFeed = ({ notes }) => {
  return (
    <div>
      {notes.map(note => (
        <div key={note.id}>
          <Note note={note} />
        </div>
      ))}
    </div>
  );
};

export default NoteFeed;
```

最後，我們可以更新 *src/pages/home.js* 元件以參照 NoteFeed：

```
import React from 'react';
import { useQuery, gql } from '@apollo/client';

import Button from '../components/Button';
import NoteFeed from '../components/NoteFeed';

const GET_NOTES = gql`
  query NoteFeed($cursor: String) {
    noteFeed(cursor: $cursor) {
      cursor
      hasNextPage
      notes {
        id
```

```
        createdAt
        content
        favoriteCount
        author {
          username
          id
          avatar
        }
      }
    }
  }
`;

const Home = () => {
  // 查詢勾點
  const { data, loading, error, fetchMore } = useQuery(GET_NOTES);

  // 若正在載入資料，則顯示正在載入訊息
  if (loading) return <p>Loading...</p>;
  // 若擷取資料時發生錯誤，則顯示錯誤訊息
  if (error) return <p>Error!</p>;

  // 若資料成功，則在 UI 中顯示資料
  return <NoteFeed notes={data.noteFeed.notes} />;
};

export default Home;
```

重構後，我們現在能夠輕鬆地在應用程式中重新建立註記和註記摘要執行個體。

一些樣式

我們已編寫元件並且可以檢視資料，接著可以增加一些樣式。「建立」日期的顯示方式是最明顯的改進機會之一。為此，我們將使用 date-fns 函式庫（*https://date-fns.org*），它提供用於 JavaScript 中處理日期的小型元件。在 *src/components/Note.js* 中，匯入函式庫並更新日期標記以套用轉換，如下所示：

```
// 從「date-fns」匯入格式化公用程式
import { format } from 'date-fns';

// 更新日期標記以格式化為月、日、年
{format(note.createdAt, 'MMM Do YYYY')} Favorites:{' '}
```

日期格式化後，我們可以使用 Styled Components 函式庫更新註記版面配置：

```jsx
import React from 'react';
import ReactMarkdown from 'react-markdown';
import { format } from 'date-fns';
import styled from 'styled-components';

// 防止註記寬度超過 800px
const StyledNote = styled.article`
  max-width: 800px;
  margin: 0 auto;
`;

// 將註記中繼資料樣式化
const MetaData = styled.div`
  @media (min-width: 500px) {
    display: flex;
    align-items: top;
  }
`;

// 在頭像與中繼資訊之間增加一些空間
const MetaInfo = styled.div`
  padding-right: 1em;
`;

// 在大型螢幕上將「UserActions」向右對齊
const UserActions = styled.div`
  margin-left: auto;
`;

const Note = ({ note }) => {
  return (
    <StyledNote>
      <MetaData>
        <MetaInfo>
          <img
            src={note.author.avatar}
            alt="{note.author.username} avatar"
            height="50px"
          />
        </MetaInfo>
        <MetaInfo>
          <em>by</em> {note.author.username} <br />
          {format(note.createdAt, 'MMM Do YYYY')}
        </MetaInfo>
```

```
        <UserActions>
          <em>Favorites:</em> {note.favoriteCount}
        </UserActions>
      </MetaData>
      <ReactMarkdown source={note.content} />
    </StyledNote>
  );
};

export default Note;
```

我們也可以在 *NoteFeed.js* 元件中於註記之間增加一些空間和淺邊框：

```
import React from 'react';
import styled from 'styled-components';

const NoteWrapper = styled.div`
  max-width: 800px;
  margin: 0 auto;
  margin-bottom: 2em;
  padding-bottom: 2em;
  border-bottom: 1px solid #f5f4f0;
`;

import Note from './Note';

const NoteFeed = ({ notes }) => {
  return (
    <div>
      {notes.map(note => (
        <NoteWrapper key={note.id}>
          <Note note={note} />
        </NoteWrapper>
      ))}
    </div>
  );
};

export default NoteFeed;
```

更新後，我們已將版面配置樣式導入至應用程式。

動態查詢

目前，我們的應用程式由三個靜態路徑組成。這些路徑位於靜態 URL，固定提出相同的資料要求。然而，應用程式通常需要動態路徑和以這些路徑為根據的查詢。例如，Twitter.com 上的每一則推文都會被分配到唯一 URL：*twitter.com/<username>/status/<tweet_id>*。這讓使用者得以在 Twitter 生態系統中以及網路上的任何位置連結並分享個別推文。

目前，在我們的應用程式中，只能在摘要中存取註記，但我們要讓使用者檢視並連結至個別註記。為此，我們將在 React 應用程式以及個別註記 GraphQL 查詢中設定動態路由。我們的目標是讓使用者能夠在 */note/<note_id>* 存取路徑。

首先，我們在 *src/pages/note.js* 建立新的頁面元件：我們將 props（屬性）物件傳遞至元件，後者會透過 React Router 加入 match 屬性。該屬性包含關於路徑如何比對 URL 的資訊。我們可以透過 match.params 存取 URL 參數。

```
import React from 'react';

const NotePage = props => {
  return (
    <div>
      <p>ID: {props.match.params.id}</p>
    </div>
  );
};

export default NotePage;
```

我們現在可以在 *src/pages/index.js* 檔案中增加對應的路徑。此路徑將包括 ID 參數，以 :id 表示：

```
// 匯入 React 和路由相依性
import React from 'react';
import { BrowserRouter as Router, Route } from 'react-router-dom';

// 匯入共用版面配置元件
import Layout from '../components/Layout';

// 匯入路徑
import Home from './home';
import MyNotes from './mynotes';
import Favorites from './favorites';
import NotePage from './note';
```

```
// 定義路徑
const Pages = () => {
  return (
    <Router>
      <Layout>
        <Route exact path="/" component={Home} />
        <Route path="/mynotes" component={MyNotes} />
        <Route path="/favorites" component={Favorites} />
        <Route path="/note/:id" component={NotePage} />
      </Layout>
    </Router>
  );
};

export default Pages;
```

現在，前往 *http://localhost:1234/note/123* 列印 ID: 123 至頁面。為了測試，請將 ID 參數換成任意名稱，例如 */note/pizza* 或 */note/GONNAPARTYLIKE1999*。這很酷，但不太實用。讓我們更新 *src/pages/note.js* 元件，使用在 URL 中找到的 ID 對註記進行 GraphQL 查詢。為此，我們將使用來自 API 的 note 查詢以及 Note React 元件：

```
import React from 'react';
// 匯入 GraphQL 相依性
import { useQuery, gql } from '@apollo/client';

// 匯入 Note 元件
import Note from '../components/Note';

// 註記查詢，接受 ID 變數
const GET_NOTE = gql`
  query note($id: ID!) {
    note(id: $id) {
      id
      createdAt
      content
      favoriteCount
      author {
        username
        id
        avatar
      }
    }
  }
`;
```

```
const NotePage = props => {
  // 將在 url 中找到的 id 儲存為變數
  const id = props.match.params.id;

  // 查詢勾點，以變數形式傳遞 id 值
  const { loading, error, data } = useQuery(GET_NOTE, { variables: { id } });

  // 若正在載入資料，則顯示正在載入訊息
  if (loading) return <p>Loading...</p>;
  // 若擷取資料時發生錯誤，則顯示錯誤訊息
  if (error) return <p>Error! Note not found</p>;

  // 若資料成功，則在 UI 中顯示資料
  return <Note note={data.note} />;
};

export default NotePage;
```

現在，前往有 ID 參數的 URL 將會轉譯對應的註記或錯誤訊息。最後，我們更新 *src/components/NoteFeed.js* 元件，在 UI 中顯示個別註記的連結。

先在檔案最上方，從 React Router 匯入 {Link}：

```
import { Link } from 'react-router-dom';
```

然後，更新 JSX 以加入註記頁面的連結，如下所示：

```
<NoteWrapper key={note.id}>
  <Note note={note} />
  <Link to={`note/${note.id}`}>Permalink</Link>
</NoteWrapper>
```

如此一來，我們已在應用程式中使用動態路徑並讓使用者能夠檢視個別註記。

分頁

目前，我們只在應用程式的首頁中擷取 10 個最新註記。若要顯示更多註記，必須啟用分頁。您也許還記得，在本章一開始和 API 伺服器的開發中，我們的 API 回傳 cursor，也就是結果頁面中回傳的最後一個註記的 ID。此外，API 會回傳 hasNextPage 布林值，如果在資料庫中找到更多註記，則為 true。向 API 提出要求時，我們可以傳遞游標引數，這會回傳下 10 個項目。

換句話說，如果有 25 個物件的清單（對應的 ID 為 1–25），第一次提出要求時，將回傳 1–10，cursor 值為 10，hasNextPage 值為 true。如果我們提出要求，傳遞 cursor 值 10，我們會得到項目 11–20，cursor 值為 20，hasNextPage 值為 true。最後，如果我們第三次提出要求，傳遞 cursor 值 20，我們會得到項目 21–25，cursor 值為 25，hasNextPage 值為 false。這就是我們將在 noteFeed 查詢中建置的邏輯。

為此，我們更新 *src/pages/home.js* 檔案以進行分頁查詢。在 UI 中，使用者按一下 See More 按鈕時，頁面上會載入下 10 個註記。我們要讓使用者不必重新整理頁面。為此，我們必須在查詢元件中加入 fetchMore 引數，僅在 hasNextPage 為 true 時顯示 Button 元件。我們直接寫入至首頁元件，但這很容易分離成自己的元件或成為 NoteFeed 元件的一部分。

```
// 若資料成功，則在 UI 中顯示資料
return (
  // 新增 <React.Fragment> 元素以提供父元素
  <React.Fragment>
    <NoteFeed notes={data.noteFeed.notes} />
    {/* 僅在 hasNextPage 為 true 的情況下顯示 Load More 按鈕 */}
    {data.noteFeed.hasNextPage && (
      <Button>Load more</Button>
    )}
  </React.Fragment>
);
```

React 中的條件

在上一個例子中，我們將內嵌 if 陳述式與 && 運算子搭配使用，有條件地顯示「Load more」按鈕。如果 hasNextPage 為 true，則顯示按鈕。您可以參考官方 React 文件（*https://oreil.ly/a_F5s*）來進一步瞭解條件式轉譯。

我們現在可以更新 <Button> 元件以使用 onClick 處理常式。使用者按一下按鈕時，我們將使用 fetchMore 方法進行額外查詢並將回傳的資料附加至頁面。

```
{data.noteFeed.hasNextPage && (
  // onClick 執行查詢，以變數形式傳遞目前游標
  <Button
    onClick={() =>
      fetchMore({
        variables: {
          cursor: data.noteFeed.cursor
```

```
        },
        updateQuery: (previousResult, { fetchMoreResult }) => {
          return {
            noteFeed: {
              cursor: fetchMoreResult.noteFeed.cursor,
              hasNextPage: fetchMoreResult.noteFeed.hasNextPage,
              // 將新舊結果合併
              notes: [
                ...previousResult.noteFeed.notes,
                ...fetchMoreResult.noteFeed.notes
              ],
              __typename: 'noteFeed'
            }
          };
        }
      })
    }
  >
    Load more
  </Button>
)}
```

先前的程式碼可能看起來有點粗糙，所以我們將其加以分解。`<Button>` 元件包含
`onClick` 處理常式。按一下按鈕時，會使用 `fetchMore` 方法執行新的查詢，傳遞在
上一次查詢中回傳的 `cursor` 值。回傳後，會執行 `updateQuery` 來更新 `cursor` 和
`hasNextPage` 值並將結果合併成單一陣列。`__typename` 是查詢的名稱，包含在 Apollo
的結果中。

變更後，我們就能從註記摘要檢視所有註記。捲動到註記摘要最下方來測試一下。如果
您的資料庫包含超過 10 個註記，就會看到按鈕。按一下「Load more」會在頁面中增加
下一個 note Feed 結果。

結論

我們在本章中完成了很多事。我們設定 Apollo Client 以使用 React 應用程式，並將多個
GraphQL 查詢整合至 UI。GraphQL 的強大之處在於能夠編寫單一查詢以精確回傳 UI 所
需的資料。在下一章中，我們會將使用者驗證整合至應用程式，讓使用者登入並檢視註
記和我的最愛。

## 第十五章

網頁驗證和狀態

我和我家人最近搬家了。填寫並簽署一些表單後（我的手還很酸），我們拿到了大門鑰匙。每次我們回家都能用這些鑰匙開門進屋。我很高興我不必每次回家都要填表，也很感謝有門鎖，能防範不速之客。

用戶端網頁驗證的運作方式幾乎相同。使用者填寫表單並取得進入網站的金鑰，形式是密碼以及儲存在瀏覽器中的權杖。他們回到網站時，將透過權杖自動進行驗證，也可以使用密碼重新登入。

在本章中，我們將使用 GraphQL API 建構網頁驗證系統。為此，我們將建立表單、將 JWT 儲存在瀏覽器中、隨著每次要求傳送權杖，並追蹤應用程式的狀態。

建立註冊表單

為了開始使用應用程式的用戶端驗證，我們可以建立使用者註冊 React 元件。開始之前，我們先確定元件的運作方式。

首先，使用者在應用程式中前往 /signup 路徑。此頁面將顯示表單，讓使用者在其中輸入電子郵件地址、想要的使用者名稱和密碼。提交表單將執行 API 的 signUp 變動。如果變動成功，將建立新的使用者帳戶，API 將回傳 JWT。如果發生錯誤，我們可以通知使用者。我們將顯示通用錯誤訊息，但我們可以更新 API 以回傳確切的錯誤訊息，例如使用者名稱已存在或電子郵件地址重複。

讓我們從建立新路徑開始。首先，我們在 *src/pages/signup.js* 建立新的 React 元件：

```
import React, { useEffect } from 'react';

// 加入傳遞至元件的 props 以供稍後使用
const SignUp = props => {
  useEffect(() => {
    // 更新文件標題
    document.title = 'Sign Up - Notedly';
  });

  return (
    <div>
      <p>Sign Up</p>
    </div>
  );
};

export default SignUp;
```

接著，在 *src/pages/index.js* 中更新路徑清單，加入 signup 路徑：

```
// 匯入註冊路徑
import SignUp from './signup';

// 在 Pages 元件中增加路徑
<Route path="/signup" component={SignUp} />
```

增加路徑後，我們就能前往 *http://localhost:1234/signup* 查看（大部分是空的）註冊頁面。現在，我們為表單增加標記：

```
import React, { useEffect } from 'react';

const SignUp = props => {
  useEffect(() => {
    // 更新文件標題
    document.title = 'Sign Up - Notedly';
  });

  return (
    <div>
      <form>
        <label htmlFor="username">Username:</label>
        <input
          required
          type="text"
          id="username"
```

```
        name="username"
        placeholder="username"
      />
      <label htmlFor="email">Email:</label>
      <input
        required
        type="email"
        id="email"
        name="email"
        placeholder="Email"
      />
      <label htmlFor="password">Password:</label>
      <input
        required
        type="password"
        id="password"
        name="password"
        placeholder="Password"
      />
      <button type="submit">Submit</button>
    </form>
  </div>
  );
};

export default SignUp;
```

htmlFor

如果您剛開始學 React，常見的陷阱之一是 JSX 屬性與 HTML 不同。
在此例中，我們使用 JSX htmlFor 取代 HTML 的 for 屬性以避免任何
JavaScript 衝突。您可以在 React DOM Elements 文件（*https://oreil.ly/
Kn5Ke*）中看到完整但簡短的屬性清單。

現在，我們可以新增一些樣式，匯入 Button 元件並將表單變成樣式化元件：

```
import React, { useEffect } from 'react';
import styled from 'styled-components';

import Button from '../components/Button';

const Wrapper = styled.div`
  border: 1px solid #f5f4f0;
  max-width: 500px;
```

```
    padding: 1em;
    margin: 0 auto;
`;

const Form = styled.form`
    label,
    input {
        display: block;
        line-height: 2em;
    }

    input {
        width: 100%;
        margin-bottom: 1em;
    }
`;

const SignUp = props => {
    useEffect(() => {
        // 更新文件標題
        document.title = 'Sign Up - Notedly';
    });

    return (
        <Wrapper>
            <h2>Sign Up</h2>
            <Form>
                <label htmlFor="username">Username:</label>
                <input
                    required
                    type="text"
                    id="username"
                    name="username"
                    placeholder="username"
                />
                <label htmlFor="email">Email:</label>
                <input
                    required
                    type="email"
                    id="email"
                    name="email"
                    placeholder="Email"
                />
                <label htmlFor="password">Password:</label>
                <input
                    required
```

```
          type="password"
          id="password"
          name="password"
          placeholder="Password"
        />
        <Button type="submit">Submit</Button>
      </Form>
    </Wrapper>
  );
};

export default SignUp;
```

React 表單和狀態

在應用程式中，事物會改變。例如在表單中輸入資料、使用者將滑塊切換成開啟、傳送訊息。在 React 中，我們可以指派**狀態**，在元件層級追蹤這些變化。在表單中，我們必須追蹤各個表單元素的狀態，以便提交。

> *React Hooks*
>
> 在本書中，我們將使用函式元件和 React 較新的 Hooks API。如果您使用過其他利用 React class 元件的學習資源，這看起來會有點不同。您可以參考 React 文件（*https://oreil.ly/Tz9Hg*）深入瞭解 Hooks。

為了開始使用狀態，我們先在 *src/pages/signup.js* 檔案的最上方更新 React 匯入，加入 useState：

```
import React, { useEffect, useState } from 'react';
```

接著，在 **SignUp** 元件中，我們設定預設表格值狀態：

```
const SignUp = props => {
  // 設定表單的預設狀態
  const [values, setValues] = useState();

  // 元件的其餘部分在此處
};
```

現在我們要更新元件，在輸入表單欄位時變更狀態，並且在使用者提交表單時執行操作。首先，我們建立 onChange 函式，這會在表單更新時更新元件的狀態。我們也要更新各個表單元素的標記，使用 onChange 屬性在使用者進行變更時呼叫此函式。然後更新 form 元素，加入 onSubmit 處理常式。目前，我們只將表單資料記錄至主控台。

在 /src/pages/sigunp.js 中：

```
const SignUp = () => {
  // 設定表單的預設狀態
  const [values, setValues] = useState();

  // 使用者在表單中輸入時更新狀態
  const onChange = event => {
    setValues({
      ...values,
      [event.target.name]: event.target.value
    });
  };

  useEffect(() => {
    // 更新文件標題
    document.title = 'Sign Up - Notedly';
  });

  return (
    <Wrapper>
      <h2>Sign Up</h2>
      <Form
        onSubmit={event => {
          event.preventDefault();
          console.log(values);
        }}
      >
        <label htmlFor="username">Username:</label>
        <input
          required
          type="text"
          name="username"
          placeholder="username"
          onChange={onChange}
        />
        <label htmlFor="email">Email:</label>
        <input
          required
          type="email"
```

```
          name="email"
          placeholder="Email"
          onChange={onChange}
        />
        <label htmlFor="password">Password:</label>
        <input
          required
          type="password"
          name="password"
          placeholder="Password"
          onChange={onChange}
        />
        <Button type="submit">Submit</Button>
      </Form>
    </Wrapper>
  );
};
```

完成表單標記後，即可用 GraphQL 變動來要求資料。

signUp 變動

為了註冊使用者，我們將使用 API 的 **signUp** 變動。此變動將接受電子郵件、使用者名稱和密碼做為變數，並且在註冊成功時回傳 JWT。我們編寫變動並將它整合至註冊表單。

首先，我們必須匯入 Apollo 函式庫。我們將利用 useMutation 和 useApolloClient 勾點，以及來自 Apollo Client 的 gql 語法。在 *src/pages/signUp* 中，新增以下程式碼及其他函式庫匯入陳述式：

```
import { useMutation, useApolloClient, gql } from '@apollo/client';
```

接著編寫 GraphQL 變動，如下所示：

```
const SIGNUP_USER = gql`
  mutation signUp($email: String!, $username: String!, $password: String!) {
    signUp(email: $email, username: $username, password: $password)
  }
`;
```

編寫變動後，我們可以更新 React 元件標記，在使用者提交表單時執行變動，將表單元素做為變數傳遞。目前，我們將回應（如果成功，應為 JWT）記錄至主控台：

```
const SignUp = props => {
  // useState、onChange 和 useEffect 全都不變

  // 新增變動勾點
  const [signUp, { loading, error }] = useMutation(SIGNUP_USER, {
   onCompleted: data => {
     // 變動完成時，對 JSON 網頁權杖進行
     console.log(data.signUp);
   }
  });

  // 轉譯表單
  return (
    <Wrapper>
      <h2>Sign Up</h2>
      {/* 使用者提交表單時將表單資料傳遞至變動 */}
      <Form
        onSubmit={event => {
          event.preventDefault();
          signUp({
            variables: {
              ...values
            }
          });
        }}
      >
        {/* ... 表單的其餘部分不變 ... */}
      </Form>
    </Wrapper>
  );
};
```

如果現在填寫並提交表單，應會看到 JWT 被記錄至主控台（圖 15-1）。此外，如果在 GraphQL Playground（*http://localhost:4000/api*）中執行 **users** 查詢，會看到新帳戶（圖 15-2）。

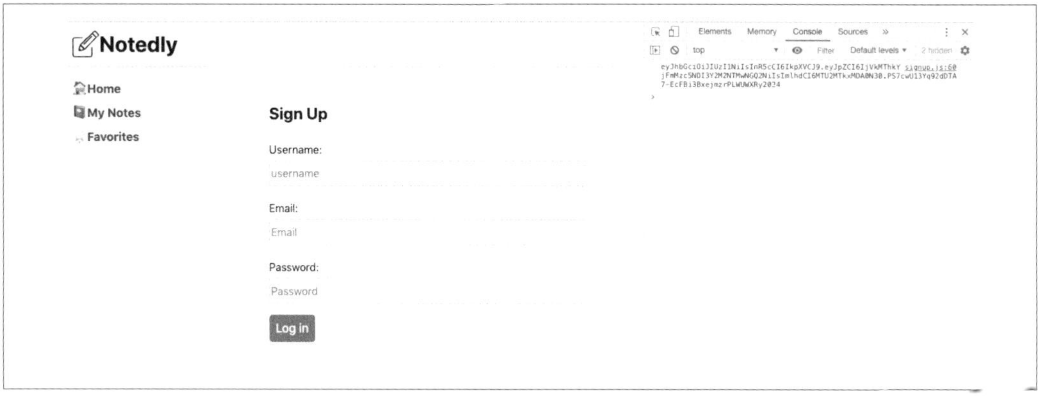

圖 15-1　如果成功，則提交表單時，JSON 網頁權杖將列印至主控台

圖 15-2　我們也可以在 GraphQL Playground 中執行使用者查詢來查看使用者清單

變動完成並回傳所需資料後，接著我們要儲存收到的回應。

JSON 網頁權杖和本機儲存空間

signUp 變動成功時，會回傳 JSON 網頁權杖（JWT）。您也許還記得本書的 API 部分，JWT（*https://jwt.io*）讓我們可以安全地將使用者 ID 儲存在使用者的裝置上。為了在使用者的網頁瀏覽器中達成此目的，我們將權杖儲存在瀏覽器的 localStorage 中。localStorage 是簡單的機碼值組存放區，在瀏覽器工作階段之間持續存在，直到更新或清除儲存空間。我們更新變動，將權杖儲存在 localStorage 中。

在 *src/pages/signup.js* 中更新 useMutation 勾點，將權杖儲存在 localStorage 中（請見圖 15-3）：

```
const [signUp, { loading, error }] = useMutation(SIGNUP_USER, {
  onCompleted: data => {
    // 將 JWT 儲存在 localStorage 中
    localStorage.setItem('token', data.signUp);
  }
});
```

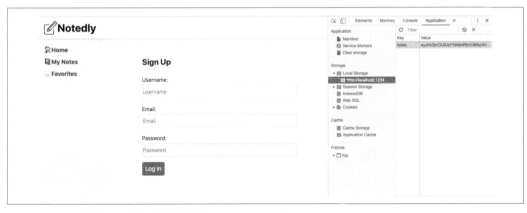

圖 15-3　網頁權杖現在儲存在瀏覽器的 localStorage 中

JWT 與安全性

權杖儲存在 localStorage 中時，任何可在頁面上執行的 JavaScript 都能存取權杖，導致其容易遭受跨網站指令碼（XSS）攻擊。因此，使用 localStorage 儲存權杖憑證時，必須格外小心限制（或避免）CDN 託管指令碼。如果第三方指令碼遭入侵，就能存取 JWT。

將我們的 JWT 儲存在本機後，我們準備好在 GraphQL 變動和查詢中使用。

重新導向

目前，使用者填寫註冊表單時，表單會轉譯為空白表單。這讓使用者無法從視覺上判斷帳戶註冊是否成功。我們改將使用者重新導向至應用程式的首頁。另一個選項是建立「成功」頁面，以感謝使用者註冊並讓他們加入應用程式。

您也許還記得，在本章的前面，我們將屬性傳遞至元件。我們可以使用 React Router 的 history 將路徑重新導向，這會透過 props.history.push 提供給我們。為此，我們更新變動的 onCompleted 事件以加入重新導向，如下所示：

```
const [signUp, { loading, error }] = useMutation(SIGNUP_USER, {
  onCompleted: data => {
    // 儲存權杖
    localStorage.setItem('token', data.signUp);
    // 將使用者重新導向至首頁
    props.history.push('/');
  }
});
```

變更後，在使用者註冊帳戶後將會被重新導向至應用程式的首頁。

將標題附加至要求

雖然我們將權杖儲存在 localStorage 中，但我們的 API 還無法加以存取。因此，即使使用者已建立帳戶，API 也無法識別使用者。如果您回想一下我們的 API 開發，就知道各個 API 呼叫都會在要求的標頭中收到權杖。我們將修改用戶端，把 JWT 視為標頭與各個要求一併傳送。

在 *src/App.js* 中，我們將更新相依性，加入 Apollo Client 的 createHttpLink 以及 Apollo Link Context 套件的 setContext。然後，我們要更新 Apollo 的配置，在各個要求的標頭中傳送權杖：

```
// 匯入 Apollo 相依性
import {
  ApolloClient,
  ApolloProvider,
  createHttpLink,
```

```
    InMemoryCache
} from '@apollo/client';
import { setContext } from 'apollo-link-context';

// 配置 API URI 和快取
const uri = process.env.API_URI;
const httpLink = createHttpLink({ uri });
const cache = new InMemoryCache();

// 檢查是否有權杖並將標頭回傳至 context
const authLink = setContext((_, { headers }) => {
  return {
    headers: {
      ...headers,
      authorization: localStorage.getItem('token') || ''
    }
  };
});

// 建立 Apollo 用戶端
const client = new ApolloClient({
  link: authLink.concat(httpLink),
  cache,
  resolvers: {},
  connectToDevTools: true
});
```

變更後,我們現在能夠將已登入使用者的資訊傳遞給 API。

本機狀態管理

我們已探討了如何在元件中管理狀態,但整個應用程式呢?有時,讓許多元件共用一些資訊很有幫助。我們可以從整個應用程式的基本元件傳遞 props,但一旦超過幾個層級的子元件,就會變得很混亂。Redux(*https://redux.js.org*)、MobX(*https://mobx.js.org*)等函式庫已設法解決狀態管理的挑戰,並且經證實對許多開發人員和團隊有幫助。在我們的案例中,我們已利用 Apollo Client 函式庫,其中包括使用 GraphQL 查詢進行本機狀態管理的功能。我們不再導入相依性,改成建置可儲存使用者是否登入的本機狀態屬性。

Apollo React 函式庫將 ApolloClient 執行個體放在 React 的 context 中,但有時我們可能必須直接存取。我們可以用 useApolloClient 勾點來執行操作,例如直接更新或重設快取存放區,或寫入本機資料。

目前，我們用兩種方式來判斷使用者是否登入應用程式。第一個，我們知道如果使用者已成功提交註冊表單，則為目前使用者。第二，我們知道如果訪客使用儲存在 local Storage 中的權杖存取網站，則他們已登入。首先，當使用者完成註冊表單時，將其增加到我們的狀態。為此，我們將使用 client.writeData 和 useApolloClient 勾點直接寫入至 Apollo Client 的本機存放區。

在 *src/pages/signup.js* 中，首先必須更新 @apollo/client 函式庫的匯入以加入 useApolloClient：

```
import { useMutation, useApolloClient } from '@apollo/client';
```

在 *src/pages/signup.js* 中，我們將呼叫 useApolloClient 函式並更新變動，在完成時使用 writeData 新增至本機存放區：

```
// Apollo Client
const client = useApolloClient();
// 變動勾點
const [signUp, { loading, error }] = useMutation(SIGNUP_USER, {
  onCompleted: data => {
    // 儲存權杖
    localStorage.setItem('token', data.signUp);
    // 更新本機快取
    client.writeData({ data: { isLoggedIn: true } });
    // 將使用者重新導向至首頁
    props.history.push('/');
  }
});
```

現在，我們來更新應用程式，在頁面載入時檢查是否有預先存在的權杖，並且在找到權杖時更新狀態。在 src/App.js 中，首先將 ApolloClient 配置更新成空的 resolvers 物件。如此一來，即可對本機快取執行 GraphQL 查詢。

```
// 建立 Apollo 用戶端
const client = new ApolloClient({
  link: authLink.concat(httpLink),
  cache,
  resolvers: {},
  connectToDevTools: true
});
```

接下來，我們可以對應用程式的初始頁面載入執行檢查：

```
// 檢查是否有本機權杖
const data = {
```

```
    isLoggedIn: !!localStorage.getItem('token')
};

// 在初始載入時寫入快取資料
cache.writeData({ data });
```

這部分很酷：我們現在可以使用 @client 指示，在應用程式中的任何位置以 GraphQL 查詢的形式存取 isLoggedIn。為了示範，我們更新應用程式的標頭，如果 isLoggedIn 為 false，則顯示「註冊」和「登入」連結；如果 isLoggedIn 為 true，則顯示「登出」連結。

在 *src/components/Header.js* 中匯入必要的相依性並編寫查詢，如下所示：

```
// 新相依性
import { useQuery, gql } from '@apollo/client';
import { Link } from 'react-router-dom';

// 本機查詢
const IS_LOGGED_IN = gql`
  {
    isLoggedIn @client
  }
`;
```

現在，在 React 元件中，我們可以加入簡單的查詢以擷取狀態以及顯示登出或登入選項的三元運算子：

```
const UserState = styled.div`
  margin-left: auto;
`;

const Header = props => {
  // 使用者已登入狀態的查詢勾點
  const { data } = useQuery(IS_LOGGED_IN);

  return (
    <HeaderBar>
      <img src={logo} alt="Notedly Logo" height="40" />
      <LogoText>Notedly</LogoText>
      {/* 若已登入，則顯示登出連結，否則顯示登入選項 */}
      <UserState>
        {data.isLoggedIn ? (
          <p>Log Out</p>
        ) : (
          <p>
```

```
            <Link to={'/signin'}>Sign In</Link> or{' '}
            <Link to={'/signup'}>Sign Up</Link>
          </p>
        )}
      </UserState>
    </HeaderBar>
  );
};
```

如此一來，使用者登入時會看到「登出」選項：否則，將顯示註冊或登入選項，這一切都是拜本機狀態所賜。我們也不會被限制在簡單的布林值邏輯。Apollo 讓我們能夠編寫本機解析程式與類型定義，以便在本機狀態中充分利用 GraphQL 的功能。

登出

目前，使用者登入後，就無法登出應用程式。讓我們將標頭中的「登出」語言變成按鈕，當點擊按鈕時即可登出使用者。為此，在按一下按鈕時，我們將移除儲存在 localStorage 中的權杖。我們將使用具有內建可及性的 <button> 元素，因為它既可做為使用者操作的語意表示，又能在使用者用鍵盤瀏覽應用程式時和連結一樣引起注意。

編寫程式碼之前，我們先編寫將按鈕轉譯為連結的樣式化元件。在 *src/Components/ButtonAsLink.js* 建立新檔案並加入：

```
import styled from 'styled-components';

const ButtonAsLink = styled.button`
  background: none;
  color: #0077cc;
  border: none;
  padding: 0;
  font: inherit;
  text-decoration: underline;
  cursor: pointer;

  :hover,
  :active {
    color: #004499;
  }
`;

export default ButtonAsLink;
```

現在，在 *src/components/Header.js* 中，我們可以建置登出功能。我們必須使用 React Router 的 withRouter 高階元件來處理重新導向，因為我們的 *Header.js* 檔案是 UI 元件，而不是已定義路徑。首先匯入 ButtonAsLink 元件以及 withRouter：

```
// 從 React Router 匯入 Link 以及 withRouter
import { Link, withRouter } from 'react-router-dom';
// 匯入 ButtonAsLink 元件
import ButtonAsLink from './ButtonAsLink';
```

現在，在 JSX 中，我們要更新元件，加入 props 參數並將登出標記更新成按鈕：

```
const Header = props => {
  // 使用者已登入狀態的查詢勾點
  // 包括參考 Apollo 商店的用戶端
  const { data, client } = useQuery(IS_LOGGED_IN);

  return (
    <HeaderBar>
      <img src={logo} alt="Notedly Logo" height="40" />
      <LogoText>Notedly</LogoText>
      {/* 若已登入，則顯示登出連結，否則顯示登入選項 */}
      <UserState>
        {data.isLoggedIn ? (
          <ButtonAsLink>
            Logout
          </ButtonAsLink>
        ) : (
          <p>
            <Link to={'/signin'}>Sign In</Link> or{' '}
            <Link to={'/signup'}>Sign Up</Link>
          </p>
        )}
      </UserState>
    </HeaderBar>
  );
};

// 我們將元件包在 withRouter 高階元件中
export default withRouter(Header);
```

withRouter

若要在本身無法直接路由的元件中加入路由，必須使用 React Router 的 withRouter 高階元件。

使用者登出應用程式時，我們要重設快取存放區以防止任何不需要的資料出現在工作階段之外。Apollo 能夠呼叫 resetStore 函式，完全清除快取。我們為元件的按鈕增加 onClick 處理常式，以移除使用者的權杖、重設 Apollo Store、更新本機狀態，以及將使用者重新導向至首頁。為此，我們更新 useQuery 勾點以加入對用戶端的參照，並在 export 陳述式中將元件包在 withRouter 高階元件中。

```
const Header = props => {
  // 已登入狀態的查詢勾點
  const { data, client } = useQuery(IS_LOGGED_IN);

  return (
    <HeaderBar>
      <img src={logo} alt="Notedly Logo" height="40" />
      <LogoText>Notedly</LogoText>
      {/* 若已登入，則顯示登出連結，否則顯示登入選項 */}
      <UserState>
        {data.isLoggedIn ? (
          <ButtonAsLink
            onClick={() => {
              // 移除權杖
              localStorage.removeItem('token');
              // 清除應用程式的快取
              client.resetStore();
              // 更新本機狀態
              client.writeData({ data: { isLoggedIn: false } });
              // 將使用者重新導向至首頁
              props.history.push('/');
            }}
          >
            Logout
          </ButtonAsLink>
        ) : (
          <p>
            <Link to={'/signin'}>Sign In</Link> or{' '}
            <Link to={'/signup'}>Sign Up</Link>
          </p>
        )}
      </UserState>
    </HeaderBar>
  );
};

export default withRouter(Header);
```

最後，我們需要 Apollo 在存放區重設後將使用者狀態加回快取狀態。在 *src/App.js* 中更新快取設定，加入 onResetStore：

```
// 檢查是否有本機權杖
const data = {
  isLoggedIn: !!localStorage.getItem('token')
};

// 在初始載入時寫入快取資料
cache.writeData({ data });
// 在重設快取後寫入快取資料
client.onResetStore(() => cache.writeData({ data }));
```

完成後，已登入使用者就能輕鬆登出應用程式。我們已將此功能直接整合至 Header 元件，但日後我們可以將其重構為獨立元件。

建立登入表單

目前，使用者能夠註冊和登出應用程式，但無法重新登入。我們將建立登入表單並在此過程中進行一些重構，以便重複使用註冊元件中大部分的程式碼。

第一步是在 */signin* 建立新的頁面元件。在 *src/pages/signin.js* 的新檔案中，增加以下程式碼：

```
import React, { useEffect } from 'react';

const SignIn = props => {
  useEffect(() => {
    // 更新文件標題
    document.title = 'Sign In - Notedly';
  });

  return (
    <div>
      <p>Sign up page</p>
    </div>
  );
};

export default SignIn;
```

現在，我們可以使頁面變成可路由，以供使用者存取。在 *src/pages/index.js:* 中匯入路徑頁面並增加新的路徑：

```
// 匯入登入頁面元件
import SignIn from './signin';

const Pages = () => {
  return (
    <Router>
      <Layout>
        // ... 其他路徑
        // 新增 signin 路徑至路徑清單
        <Route path="/signin" component={SignIn} />
      </Layout>
    </Router>
  );
};
```

建置登入表單之前，先暫停一下思考我們的選項。我們可以重新建置表單，就像在為註冊頁面編寫表單時一樣，但這感覺很冗長，而且必須維護兩個相似的表單。當其中之一改變時，我們就必須更新另一個。另一個選項是將表單分離成自身的元件，如此即可重複使用通用程式碼並在單一位置進行更新。我們以共用表單元件方法繼續。

首先在 *src/components/UserForm.js* 建立新元件，導入 `<form>` 標記和樣式。我們將對此表單進行一些微小但明顯的變更，以使用從父元件接收的屬性。第一，將 `onSubmit` 變動重新命名為 `props.action`，透過元件的屬性將變動傳遞至表單。第二，增加一些條件陳述式以區分兩個表單。我們將利用名稱為 `formType` 的第二個屬性來傳遞字串。我們可以根據字串值變更範本的轉譯。

我們將這些編寫成具有邏輯 `&&` 運算子的內嵌 `if` 陳述式或條件式三元運算子：

```
import React, { useState } from 'react';
import styled from 'styled-components';

import Button from './Button';

const Wrapper = styled.div`
  border: 1px solid #f5f4f0;
  max-width: 500px;
  padding: 1em;
  margin: 0 auto;
`;

const Form = styled.form`
  label,
  input {
    display: block;
```

```
      line-height: 2em;
    }

    input {
      width: 100%;
      margin-bottom: 1em;
    }
`;

const UserForm = props => {
  // 設定表單的預設狀態
  const [values, setValues] = useState();

  // 使用者在表單中輸入時更新狀態
  const onChange = event => {
    setValues({
      ...values,
      [event.target.name]: event.target.value
    });
  };

  return (
    <Wrapper>
      {/* 顯示適當的表單標頭 */}
      {props.formType === 'signup' ? <h2>Sign Up</h2> : <h2>Sign In</h2>}
      {/* 使用者提交表單時執行變動 */}
      <Form
        onSubmit={e => {
          e.preventDefault();
          props.action({
            variables: {
              ...values
            }
          });
        }}
      >
        {props.formType === 'signup' && (
          <React.Fragment>
            <label htmlFor="username">Username:</label>
            <input
              required
              type="text"
              id="username"
              name="username"
              placeholder="username"
              onChange={onChange}
```

```
              />
            </React.Fragment>
          )}
          <label htmlFor="email">Email:</label>
          <input
            required
            type="email"
            id="email"
            name="email"
            placeholder="Email"
            onChange={onChange}
          />
          <label htmlFor="password">Password:</label>
          <input
            required
            type="password"
            id="password"
            name="password"
            placeholder="Password"
            onChange={onChange}
          />
          <Button type="submit">Submit</Button>
        </Form>
      </Wrapper>
    );
  };

  export default UserForm;
```

接下來，可以簡化 *src/pages/signup.js* 元件以利用共用表單元件：

```
  import React, { useEffect } from 'react';
  import { useMutation, useApolloClient, gql } from '@apollo/client';

  import UserForm from '../components/UserForm';

  const SIGNUP_USER = gql`
    mutation signUp($email: String!, $username: String!, $password: String!) {
      signUp(email: $email, username: $username, password: $password)
    }
  `;

  const SignUp = props => {
    useEffect(() => {
      // 更新文件標題
      document.title = 'Sign Up - Notedly';
```

```
    });

    const client = useApolloClient();
    const [signUp, { loading, error }] = useMutation(SIGNUP_USER, {
      onCompleted: data => {
        // 儲存權杖
        localStorage.setItem('token', data.signUp);
        // 更新本機快取
        client.writeData({ data: { isLoggedIn: true } });
        // 將使用者重新導向至首頁
        props.history.push('/');
      }
    });

    return (
      <React.Fragment>
        <UserForm action={signUp} formType="signup" />
        {/* 若正在載入資料，則顯示正在載入訊息 */}
        {loading && <p>Loading...</p>}
        {/* 若發生錯誤，則顯示錯誤訊息 */}
        {error && <p>Error creating an account!</p>}
      </React.Fragment>
    );
  };

  export default SignUp;
```

最後，我們可以利用 signIn 變動和 UserForm 元件編寫 SignIn 元件。在 *src/pages/signin.js* 中：

```
  import React, { useEffect } from 'react';
  import { useMutation, useApolloClient, gql } from '@apollo/client';

  import UserForm from '../components/UserForm';

  const SIGNIN_USER = gql`
    mutation signIn($email: String, $password: String!) {
      signIn(email: $email, password: $password)
    }
  `;

  const SignIn = props => {
    useEffect(() => {
      // 更新文件標題
      document.title = 'Sign In - Notedly';
    });
```

```
    const client = useApolloClient();
    const [signIn, { loading, error }] = useMutation(SIGNIN_USER, {
      onCompleted: data => {
        // 儲存權杖
        localStorage.setItem('token', data.signIn);
        // 更新本機快取
        client.writeData({ data: { isLoggedIn: true } });
        // 將使用者重新導向至首頁
        props.history.push('/');
      }
    });

    return (
      <React.Fragment>
        <UserForm action={signIn} formType="signIn" />
        {/* 若正在載入資料，則顯示正在載入訊息 */}
        {loading && <p>Loading...</p>}
        {/* 若發生錯誤，則顯示錯誤訊息 */}
        {error && <p>Error signing in!</p>}
      </React.Fragment>
    );
};

export default SignIn;
```

完成後，我們現在有了可管理的表單元件，並讓使用者能夠註冊和登入應用程式。

受保護路徑

僅限已驗證使用者存取網站的特定頁面或部分是常見的應用程式模式。在我們的案例中，未驗證使用者無法使用我的註記或我的最愛頁面。我們可以在路由器中執行這個模式，在未驗證的使用者嘗試進入這些路徑時，自動把他們路由到應用程式的登入頁面。

在 *src/pages/index.js* 中，首先匯入必要的相依性並增加 **isLoggedIn** 查詢：

```
import { useQuery, gql } from '@apollo/client';

const IS_LOGGED_IN = gql`
  {
    isLoggedIn @client
  }
`;
```

我們現在匯入 React Router 的 Redirect 函式庫並編寫 PrivateRoute 元件，如果使用者未登入，將重新導向使用者：

```
// 更新 react-router 匯入以加入 Redirect
import { BrowserRouter as Router, Route, Redirect } from 'react-router-dom';

// 在「Pages」元件下方新增 PrivateRoute 元件
const PrivateRoute = ({ component: Component, ...rest }) => {
  const { loading, error, data } = useQuery(IS_LOGGED_IN);
  // 若正在載入資料，則顯示正在載入訊息
  if (loading) return <p>Loading...</p>;
  // 若擷取資料時發生錯誤，則顯示錯誤訊息
  if (error) return <p>Error!</p>;
  // 若使用者已登入，則將他們路由至要求的元件
  // 否則重新導向至登入頁面
  return (
    <Route
      {...rest}
      render={props =>
        data.isLoggedIn === true ? (
          <Component {...props} />
        ) : (
          <Redirect
            to={{
              pathname: '/signin',
              state: { from: props.location }
            }}
          />
        )
      }
    />
  );
};

export default Pages;
```

最後，我們可以更新任何供已登入使用者存取的路徑，以使用 PrivateRoute 元件：

```
const Pages = () => {
  return (
    <Router>
      <Layout>
        <Route exact path="/" component={Home} />
        <PrivateRoute path="/mynotes" component={MyNotes} />
        <PrivateRoute path="/favorites" component={Favorites} />
        <Route path="/note/:id" component={Note} />
```

```
            <Route path="/signup" component={SignUp} />
            <Route path="/signin" component={SignIn} />
        </Layout>
    </Router>
  );
};
```

重新導向狀態

重新導向私人路徑時，我們也將參照 URL 儲存為狀態。如此一來，即可
將使用者重新導向回到他們原本要前往的頁面。我們可以更新登入頁面上
的重新導向，選用 props.state.location.from 以啟用此功能。

現在，如果使用者要前往供已登入使用者存取的頁面，將被重新導向至登入頁面。

結論

在本章中，我們探討了建構用戶端 JavaScript 應用程式的兩個關鍵概念：驗證和狀態。
建立完整的驗證流程後，相信您已充分瞭解使用者帳戶如何與用戶端應用程式共同運
作。建議您探索 OAuth 等替代選項以及 Auth0、Okta、Firebase 等驗證服務。此外，您
已學會在應用程式中管理狀態，包括使用 React Hooks API 在元件層級管理，以及使用
Apollo 的本機狀態來管理整個應用程式。理解這些關鍵概念後，您現在可以建構穩健的
使用者介面應用程式。

## 第十六章

建立、讀取、更新及
刪除操作

我喜歡紙本筆記本，幾乎隨時都會隨身攜帶。通常它們相對便宜，我很快就會在筆記本上寫滿半成形的想法。不久前，我買了一本較貴的精裝筆記本，封面很漂亮，紙張也很精美。購買時，我幻想著要在筆記本中寫下各種草稿，但它在我桌上放了好幾個月，一片空白。最後，我把它放在架子上，回到我慣用的筆記本品牌。

就像我的精美筆記本，我們的應用程式只有在使用者能與之互動的情況下才會派上用場。您也許還記得我在開發 API 時提到，Notedly 應用程式是一款「CRUD」（建立、讀取、更新、刪除）應用程式。已驗證過的使用者可以建立新註記、讀取註記、更新註記內容或將註記狀態設為最愛，以及刪除註記。在本章中，我們將在網頁使用者介面中建置這些功能。為了完成這些任務，我們將編寫 GraphQL 變動與查詢。

建立新註記

目前，我們可以檢視註記，但無法建立註記。這就像是有筆記本卻沒有筆。我們來新增讓使用者建立新註記的功能。我們將建立 textarea 表單，讓使用者可在其中編寫註記。使用者提交表單時，將執行 GraphQL 變動以在資料庫中建立註記。

首先，在 *src/pages/new.js* 中建立 NewNote 元件：

```
import React, { useEffect } from 'react';
import { useMutation, gql } from '@apollo/client';
```

```
const NewNote = props => {
  useEffect(() => {
    // 更新文件標題
    document.title = 'New Note - Notedly';
  });

  return <div>New note</div>;
};

export default NewNote;
```

接著，在 *src/pages/index.js* 檔案中設定新路徑：

```
// 匯入 NewNote 路由元件
import NewNote from './new';

// 新增私人路徑至路徑清單
<PrivateRoute path="/new" component={NewNote} />
```

我們將同時建立新註記並更新現有註記。為了配合此行為，我們建立名稱為 NoteForm 的新元件做為註記表單編輯的標記和 React 狀態。

我們在 *src/components/NoteForm.js* 中建立新檔案。該元件由表單元素組成，其中包含文字區域以及一些基本樣式。此功能和 UserForm 元件非常相似：

```
import React, { useState } from 'react';
import styled from 'styled-components';

import Button from './Button';

const Wrapper = styled.div`
  height: 100%;
`;

const Form = styled.form`
  height: 100%;
`;

const TextArea = styled.textarea`
  width: 100%;
  height: 90%;
`;

const NoteForm = props => {
  // 設定表單的預設狀態
  const [value, setValue] = useState({ content: props.content || '' });
```

```
    // 使用者在表單中輸入時更新狀態
    const onChange = event => {
      setValue({
        ...value,
        [event.target.name]: event.target.value
      });
    };

    return (
      <Wrapper>
        <Form
          onSubmit={e => {
            e.preventDefault();
            props.action({
              variables: {
                ...values
              }
            });
          }}
        >
          <TextArea
            required
            type="text"
            name="content"
            placeholder="Note content"
            value={value.content}
            onChange={onChange}
          />
          <Button type="submit">Save</Button>
        </Form>
      </Wrapper>
    );
  };

  export default NoteForm;
```

接著，我們必須在 NewNote 頁面元件中參照 NoteForm 元件。在 *src/pages/new.j* 中：

```
  import React, { useEffect } from 'react';
  import { useMutation, gql } from '@apollo/client';
  // 匯入 NoteForm 元件
  import NoteForm from '../components/NoteForm';

  const NewNote = props => {
    useEffect(() => {
```

```
    // 更新文件標題
    document.title = 'New Note - Notedly';
  });

  return <NoteForm />;
};
export default NewNote;
```

更新後，前往 *http://localhost:1234/new* 將會顯示表單（圖 16-1）。

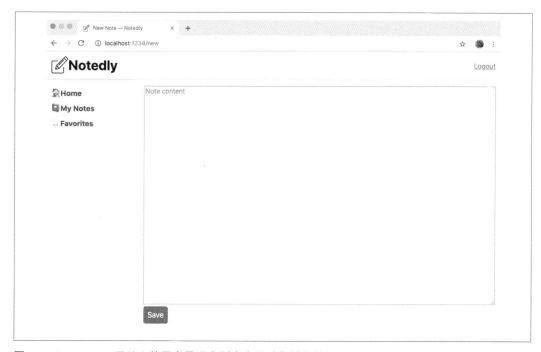

圖 16-1　NewNote 元件向使用者呈現大型文字區域與儲存按鈕

完成表單後，我們可以開始編寫變動以建立新註記。在 *src/pages/new.js* 中：

```
import React, { useEffect } from 'react';
import { useMutation, gql } from '@apollo/client';

import NoteForm from '../components/NoteForm';

// 新的註記查詢
const NEW_NOTE = gql`
  mutation newNote($content: String!) {
```

```
      newNote(content: $content) {
        id
        content
        createdAt
        favoriteCount
        favoritedBy {
          id
          username
        }
        author {
          username
          id
        }
      }
    }
  }
`;

const NewNote = props => {
  useEffect(() => {
    // 更新文件標題
    document.title = 'New Note - Notedly';
  });

  const [data, { loading, error }] = useMutation(NEW_NOTE, {
    onCompleted: data => {
      // 完成時，將使用者重新導向至註記頁面
      props.history.push(`note/${data.newNote.id}`);
    }
  });

  return (
    <React.Fragment>
      {/* 變動載入時，顯示正在載入訊息 */}
      {loading && <p>Loading...</p>}
      {/* 若發生錯誤，則顯示錯誤訊息 */}
      {error && <p>Error saving the note</p>}
      {/* 表單元件，以 prop 形式傳遞變動資料 */}
      <NoteForm action={data} />
    </React.Fragment>
  );
};

export default NewNote;
```

在先前的程式碼中，我們在提交表單時執行 newNote 變動。如果變動成功，使用者就會被重新導向至個別註記頁面。您也許會注意到，newNote 變動要求相當多的資料。這可以比對 note 變動要求的資料，用理想的方式更新 Apollo 的快取以便快速前往個別註記元件。

如前所述，Apollo 激進地對查詢進行快取，這有助於加快應用程式的瀏覽速度。可惜，這也表示使用者可以造訪頁面，卻看不到他們所做的更新。我們可以手動更新 Apollo 的快取，但更簡單的方式是使用 Apollo 的 refetchQueries 功能在執行變動時刻意更新快取。為此，我們必須存取預先編寫的查詢。到目前為止，我們都在元件檔案的最上方加入查詢，但我們把它們移動到自己的 *query.js* 檔案。在 */src/gql/query.js* 建立新檔案並新增各個註記查詢以及 IS_LOGGED_IN 查詢：

```
import { gql } from '@apollo/client';

const GET_NOTES = gql`
  query noteFeed($cursor: String) {
    noteFeed(cursor: $cursor) {
      cursor
      hasNextPage
      notes {
        id
        createdAt
        content
        favoriteCount
        author {
          username
          id
          avatar
        }
      }
    }
  }
`;

const GET_NOTE = gql`
  query note($id: ID!) {
    note(id: $id) {
      id
      createdAt
      content
      favoriteCount
      author {
        username
        id
```

```
        avatar
      }
    }
  }
`;

const IS_LOGGED_IN = gql`
  {
    isLoggedIn @client
  }
`;

export { GET_NOTES, GET_NOTE, IS_LOGGED_IN };
```

可再使用的查詢與變動

從現在開始，我們會將所有查詢和變動與元件分開。這可讓我們輕鬆
地在應用程式中重複使用它們，對於測試過程中的模擬（*https://oreil.ly/
qo9uE*）也很有用。

現在，在 *src/pages/new.js* 中，我們可以透過匯入查詢並新增 refetchQueries 選項來要
求變動重新擷取 GET_NOTES 查詢：

```
// 匯入查詢
import { GET_NOTES } from '../gql/query';

// 在 NewNote 元件中更新變動
// 其他維持不變

const NewNote = props => {
  useEffect(() => {
    // 更新文件標題
    document.title = 'New Note - Notedly';
  });

  const [data, { loading, error }] = useMutation(NEW_NOTE, {
    // 重新擷取 GET_NOTES 查詢以更新快取
    refetchQueries: [{ query: GET_NOTES }],
    onCompleted: data => {
      // 完成時，將使用者重新導向至註記頁面
      props.history.push(`note/${data.newNote.id}`);
    }
  });

  return (
```

```
<React.Fragment>
  {/* 變動載入時，顯示正在載入訊息 */}
  {loading && <p>Loading...</p>}
  {/* 若發生錯誤，則顯示錯誤訊息 */}
  {error && <p>Error saving the note</p>}
  {/* 表單元件，以 prop 形式傳遞變動資料 */}
  <NoteForm action={data} />
</React.Fragment>
    );
};
```

最後一步是新增連結至 /new 頁面，讓使用者輕鬆存取。在 *src/components/Navigation.js* 檔案中增加新的連結項目，如下所示：

```
<li>
  <Link to="/new">New</Link>
</li>
```

如此一來，使用者就能前往新註記頁面、輸入註記，並且將註記儲存至資料庫。

讀取使用者註記

我們的應用程式目前能夠讀取註記摘要以及個別註記，但我們尚未查詢已驗證使用者的註記。我們將編寫兩個 GraphQL 查詢，以建立依照使用者及其最愛分類的註記摘要。

在 *src/gql/query.js* 中，增加 GET_MY_NOTES 查詢並更新匯出，如下所示：

```
// 新增 GET_MY_NOTES 查詢
const GET_MY_NOTES = gql`
  query me {
    me {
      id
      username
      notes {
        id
        createdAt
        content
        favoriteCount
        author {
          username
          id
          avatar
        }
      }
    }
  }
```

```
    }
`;

// 更新以加入 GET_MY_NOTES
export { GET_NOTES, GET_NOTE, IS_LOGGED_IN, GET_MY_NOTES };
```

現在，在 *src/pages/mynotes.js*，使用 NoteFeed 元件匯入查詢並顯示註記：

```
import React, { useEffect } from 'react';
import { useQuery, gql } from '@apollo/client';

import NoteFeed from '../components/NoteFeed';
import { GET_MY_NOTES } from '../gql/query';

const MyNotes = () => {
  useEffect(() => {
    // 更新文件標題
    document.title = 'My Notes - Notedly';
  });

  const { loading, error, data } = useQuery(GET_MY_NOTES);

  // 若資料正在載入，則應用程式將顯示正在載入訊息
  if (loading) return 'Loading...';
  // 若擷取資料時發生錯誤，則顯示錯誤訊息
  if (error) return `Error! ${error.message}`;
  // 若查詢成功而有註記，則回傳註記摘要
  // 若查詢成功而沒有註記，則顯示訊息
  if (data.me.notes.length !== 0) {
    return <NoteFeed notes={data.me.notes} />;
  } else {
    return <p>No notes yet</p>;
  }
};

export default MyNotes;
```

我們可以重複此流程製作「我的最愛」頁面。首先，在 *src/gql/query.js* 中：

```
// 新增 GET_MY_NOTES 查詢
const GET_MY_FAVORITES = gql`
  query me {
    me {
      id
      username
      favorites {
        id
```

```
        createdAt
        content
        favoriteCount
        author {
          username
          id
          avatar
        }
      }
    }
  }
`;

// 更新以加入 GET_MY_NOTES
export { GET_NOTES, GET_NOTE, IS_LOGGED_IN, GET_MY_NOTES, GET_MY_FAVORITES };
```

現在，在 *src/pages/favorites.js* 中：

```
import React, { useEffect } from 'react';
import { useQuery, gql } from '@apollo/client';

import NoteFeed from '../components/NoteFeed';
// 匯入查詢
import { GET_MY_FAVORITES } from '../gql/query';

const Favorites = () => {
  useEffect(() => {
    // 更新文件標題
    document.title = 'Favorites - Notedly';
  });

  const { loading, error, data } = useQuery(GET_MY_FAVORITES);

  // 若資料正在載入，則應用程式將顯示正在載入訊息
  if (loading) return 'Loading...';
  // 若擷取資料時發生錯誤，則顯示錯誤訊息
  if (error) return `Error! ${error.message}`;
  // 若查詢成功而有註記，則回傳註記摘要
  // 若查詢成功而沒有註記，則顯示訊息
  if (data.me.favorites.length !== 0) {
    return <NoteFeed notes={data.me.favorites} />;
  } else {
    return <p>No favorites yet</p>;
  }
};

export default Favorites;
```

最後，更新 *src/pages/new.js* 檔案以重新擷取 GET_MY_NOTES 查詢，確保使用者註記的快取清單已在建立註記時更新。在 *src/pages/new.js* 中，首先更新查詢匯入陳述式：

```
import { GET_MY_NOTES, GET_NOTES } from '../gql/query';
```

然後，更新變動：

```
const [data, { loading, error }] = useMutation(NEW_NOTE, {
  // 重新擷取 GET_NOTES 和 GET_MY_NOTES 查詢以更新快取
  refetchQueries: [{ query: GET_MY_NOTES }, { query: GET_NOTES }],
  onCompleted: data => {
    // 完成時，將使用者重新導向至註記頁面
    props.history.push(`note/${data.newNote.id}`);
  }
});
```

變更後，我們現在可以在應用程式中執行所有讀取操作。

更新註記

目前，使用者編寫註記後，就無法更新註記。為了解決此問題，我們要在應用程式中啟用註記編輯。我們的 GraphQL API 具有 updateNote 變動，這會接受註記 ID 和內容做為參數。如果註記存在於資料庫中，該變動將使用變動中傳送的內容更新已儲存內容。

在應用程式中，我們可以在 */edit/NOTE_ID* 建立路徑，將現有的註記內容置於表單 textarea 中。使用者按一下 Save 時，將提交表單並執行 updateNote 變動。

我們來建立用來編輯註記的新路徑。首先，我們可以複製 *src/pages/note.js* 頁面，並命名為 *edit.js*。目前，此頁面只會顯示註記。

在 *src/pages/edit.js* 中：

```
import React from 'react';
import { useQuery, useMutation, gql } from '@apollo/client';

// 匯入 Note 元件
import Note from '../components/Note';
// 匯入 GET_NOTE 查詢
import { GET_NOTE } from '../gql/query';

const EditNote = props => {
  // 將在 url 找到的 id 儲存為變數
  const id = props.match.params.id;
```

```
// 定義註記查詢
const { loading, error, data } = useQuery(GET_NOTE, { variables: { id } });

// 若正在載入資料，則顯示正在載入訊息
if (loading) return 'Loading...';
// 若擷取資料時發生錯誤，則顯示錯誤訊息
if (error) return <p>Error! Note not found</p>;
// 若成功，則將資料傳遞至註記元件
return <Note note={data.note} />;
};

export default EditNote;
```

現在，我們可以在 *src/pages/index.js* 中將頁面新增至路徑，以便前往頁面：

```
// 匯入編輯頁面元件
import EditNote from './edit';

// 新增接受 :id 參數的私人路徑
<PrivateRoute path="/edit/:id" component={EditNote} />
```

如此一來，如果在 */note/ID* 前往註記頁面並換成 */edit/ID*，就會看到註記本身的轉譯。我們再加以變更，使其顯示表單 textarea 中的註記內容。

在 *src/pages/edit.js* 中，移除 Note 元件的匯入陳述式並換成 NoteForm 元件：

```
// 匯入 NoteForm 元件
import NoteForm from '../components/NoteForm';
```

接下來更新 EditNote 元件以使用編輯表單。我們可以使用 content 屬性將註記內容傳遞至表單元件。雖然 GraphQL 變動只接受來自於原作者的更新，但我們也可以只向註記作者顯示表單，以避免讓其他使用者感到不解。

首先，在 *src/gql/query.js* 檔案中增加新查詢以取得目前使用者、其使用者 ID 以及最愛註記 ID 清單：

```
// 新增 GET_ME 至查詢
const GET_ME = gql`
  query me {
    me {
      id
      favorites {
        id
      }
    }
```

```
    }
  `;

  // 更新以加入 GET_ME
  export {
    GET_NOTES,
    GET_NOTE,
    GET_MY_NOTES,
    GET_MY_FAVORITES,
    GET_ME,
    IS_LOGGED_IN
  };
```

在 *src/pages/edit.js* 中，匯入 GET_ME 查詢並加入使用者檢查：

```
import React from 'react';
import { useMutation, useQuery } from '@apollo/client';

// 匯入 NoteForm 元件
import NoteForm from '../components/NoteForm';
import { GET_NOTE, GET_ME } from '../gql/query';
import { EDIT_NOTE } from '../gql/mutation';

const EditNote = props => {
  // 將在 url 中找到的 id 儲存為變數
  const id = props.match.params.id;
  // 定義註記查詢
  const { loading, error, data } = useQuery(GET_NOTE, { variables: { id } });
  // 擷取目前使用者的資料
  const { data: userdata } = useQuery(GET_ME);
  // 若正在載入資料，則顯示正在載入訊息
  if (loading) return 'Loading...';
  // 若擷取資料時發生錯誤，則顯示錯誤訊息
  if (error) return <p>Error! Note not found</p>;
  // 若目前使用者與註記作者不符
  if (userdata.me.id !== data.note.author.id) {
    return <p>You do not have access to edit this note</p>;
  }
  // 將資料傳遞至表單元件
  return <NoteForm content={data.note.content} />;
};
```

現在，我們能夠在表單中編輯註記，但按一下按鈕還不會儲存變更。讓我們來編寫 GraphQL updateNote 變動。如同查詢檔案，我們建立檔案來保存變動。在 *src/gql/ mutation* 中新增以下程式碼：

```
import { gql } from '@apollo/client';

const EDIT_NOTE = gql`
  mutation updateNote($id: ID!, $content: String!) {
    updateNote(id: $id, content: $content) {
      id
      content
      createdAt
      favoriteCount
      favoritedBy {
        id
        username
      }
      author {
        username
        id
      }
    }
  }
`;

export { EDIT_NOTE };
```

編寫變動後，我們可以加以匯入並更新元件程式碼，在按下按鈕時呼叫變動。為此，我們將新增 useMutation 勾點。變動完成時，我們會將使用者重新導向至註記頁面。

```
// 匯入變動
import { EDIT_NOTE } from '../gql/mutation';

const EditNote = props => {
  // 將在 url 中找到的 id 儲存為變數
  const id = props.match.params.id;
  // 定義註記查詢
  const { loading, error, data } = useQuery(GET_NOTE, { variables: { id } });
  // 擷取目前使用者的資料
  const { data: userdata } = useQuery(GET_ME);
  // 定義變動
  const [editNote] = useMutation(EDIT_NOTE, {
    variables: {
      id
    },
    onCompleted: () => {
      props.history.push(`/note/${id}`);
    }
  });
```

```
  // 若正在載入資料，則顯示正在載入訊息
  if (loading) return 'Loading...';
  // 若擷取資料時發生錯誤，則顯示錯誤訊息
  if (error) return <p>Error!</p>;
  // 若目前使用者與註記作者不符
  if (userdata.me.id !== data.note.author.id) {
    return <p>You do not have access to edit this note</p>;
  }

  // 將資料和變動傳遞至表單元件
  return <NoteForm content={data.note.content} action={editNote} />;
};

export default EditNote;
```

最後，我們要向使用者顯示「編輯」連結，但前提是他們是註記的作者。在我們的應用程式中，我們必須檢查以確保目前使用者的 ID 符合註記作者的 ID。為了建置此行為，我們必須接觸一些元件。

我們現在可以直接在 Note 元件中建置功能，但我們改成在 *src/components/NoteUser.js* 建立專門用於已登入使用者互動的元件。在該 React 元件中，我們會對目前使用者 ID 執行 GraphQL 查詢並提供通往編輯頁面的可路由連結。有了這些資訊後，我們可以先加入所需函式庫並設定新的 React 元件。在 React 元件中，我們將加入編輯連結，把使用者引導至註記的編輯頁面。目前，不論註記的所有者是誰，使用者都會看到此連結。

更新 *src/components/NoteUser.js*，如下所示：

```
import React from 'react';
import { useQuery, gql } from '@apollo/client';
import { Link } from 'react-router-dom';

const NoteUser = props => {
  return <Link to={`/edit/${props.note.id}`}>Edit</Link>;
};

export default NoteUser;
```

接著，更新 Note 元件以執行本機 isLoggedIn 狀態查詢。然後，我們可以根據使用者的登入狀態有條件地轉譯 NoteUser 元件。

我們先匯入 GraphQL 函式庫，與 NoteUser 元件一起執行查詢。在 *src/components/Note.js* 中，於檔案最上方增加以下程式碼：

```
import { useQuery } from '@apollo/client';

// 匯入已登入使用者 UI 元件
import NoteUser from './NoteUser';
// 匯入 IS_LOGGED_IN 本機查詢
import { IS_LOGGED_IN } from '../gql/query';
```

現在，我們可以更新 JSX 元件以檢查登入狀態。如果使用者已登入，則顯示 NoteUser
元件；否則顯示我的最愛計數。

```
const Note = ({ note }) => {
  const { loading, error, data } = useQuery(IS_LOGGED_IN);
  // 若正在載入資料，則顯示正在載入訊息
  if (loading) return <p>Loading...</p>;
  // 若擷取資料時發生錯誤，則顯示錯誤訊息
  if (error) return <p>Error!</p>;

  return (
    <StyledNote>
      <MetaData>
        <MetaInfo>
          <img
            src={note.author.avatar}
            alt={`${note.author.username} avatar`}
            height="50px"
          />
        </MetaInfo>
        <MetaInfo>
          <em>by</em> {note.author.username} <br />
          {format(note.createdAt, 'MMM Do YYYY')}
        </MetaInfo>
        {data.isLoggedIn ? (
          <UserActions>
            <NoteUser note={note} />
          </UserActions>
        ) : (
          <UserActions>
            <em>Favorites:</em> {note.favoriteCount}
          </UserActions>
        )}
      </MetaData>
      <ReactMarkdown source={note.content} />
    </StyledNote>
  );
};
```

未經驗證的編輯

雖然我們會在 UI 中隱藏編輯連結，但並非註記所有者的使用者仍可前往註記的編輯畫面。幸好，我們的 GraphQL API 可防止註記所有者以外的人編輯註記內容。雖然我們在本書中不會這麼做，但您可以進一步更新 *src/pages/edit.js* 元件，將不是註記所有者的使用者重新導向。

變更後，已登入使用者就能在各個註記的最上方看到編輯連結。按一下連結將會前往編輯表單，不論註記的所有者是誰。我們透過更新 NoteUser 元件以查詢目前使用者的 ID，並且僅在與註記作者的 ID 相符的情況下顯示編輯連結來解決此問題。

首先，在 *src/components/NoteUser.js* 中加入以下程式碼：

```
import React from 'react';
import { useQuery } from '@apollo/client';
import { Link } from 'react-router-dom';

// 匯入 GET_ME 查詢
import { GET_ME } from '../gql/query';

const NoteUser = props => {
  const { loading, error, data } = useQuery(GET_ME);
  // 若正在載入資料，則顯示正在載入訊息
  if (loading) return <p>Loading...</p>;
  // 若擷取資料時發生錯誤，則顯示錯誤訊息
  if (error) return <p>Error!</p>;
  return (
    <React.Fragment>
      Favorites: {props.note.favoriteCount}
      <br />
      {data.me.id === props.note.author.id && (
        <React.Fragment>
          <Link to={`/edit/${props.note.id}`}>Edit</Link>
        </React.Fragment>
      )}
    </React.Fragment>
  );
};

export default NoteUser;
```

變更後，只有註記的原作者才會在 UI 中看到編輯連結（圖 16-2）。

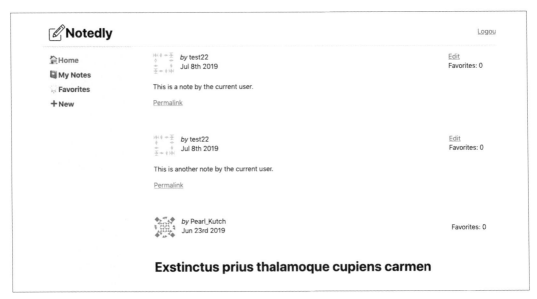

圖 16-2　只有註記作者會看到編輯連結

刪除註記

我們的 CRUD 應用程式仍缺少刪除註記的功能。我們可以編寫按鈕 UI 元件，按一下按鈕時將執行 GraphQL 變動，刪除註記。首先在 *src/components/DeleteNote.js* 中建立新元件。由於要在不可路由元件中執行重新導向，我們將使用 React Router 的 `withRouter`高階元件。

```
import React from 'react';
import { useMutation } from '@apollo/client';
import { withRouter } from 'react-router-dom';

import ButtonAsLink from './ButtonAsLink';

const DeleteNote = props => {
  return <ButtonAsLink>Delete Note</ButtonAsLink>;
};

export default withRouter(DeleteNote);
```

現在，我們可以編寫變動。我們的 GraphQL API 具有 deleteNote 變動，如果註記已被刪除，則回傳布林值 true。變動完成後，我們會將使用者重新導向至應用程式的 /mynotes 頁面。

首先，在 *src/gql/mutation.js* 中，編寫以下變動：

```
const DELETE_NOTE = gql`
  mutation deleteNote($id: ID!) {
    deleteNote(id: $id)
  }
`;

// 更新以加入 DELETE_NOTE
export { EDIT_NOTE, DELETE_NOTE };
```

現在，在 *src/components/DeleteNote* 中加入以下程式碼：

```
import React from 'react';
import { useMutation } from '@apollo/client';
import { withRouter } from 'react-router-dom';

import ButtonAsLink from './ButtonAsLink';
// 匯入 DELETE_NOTE 變動
import { DELETE_NOTE } from '../gql/mutation';
// 匯入查詢以在註記刪除後重新擷取
import { GET_MY_NOTES, GET_NOTES } from '../gql/query';

const DeleteNote = props => {
  const [deleteNote] = useMutation(DELETE_NOTE, {
    variables: {
      id: props.noteId
    },
    // 重新擷取註記清單查詢以更新快取
    refetchQueries: [{ query: GET_MY_NOTES, GET_NOTES }],
    onCompleted: data => {
      // 將使用者重新導向至「我的註記」頁面
      props.history.push('/mynotes');
    }
  });

  return <ButtonAsLink onClick={deleteNote}>Delete Note</ButtonAsLink>;
};

export default withRouter(DeleteNote);
```

現在，我們可以在 *src/components/NoteUser.js* 檔案中匯入新的 `DeleteNote` 元件，只向註記作者顯示：

```
import React from 'react';
import { useQuery } from '@apollo/client';
import { Link } from 'react-router-dom';

import { GET_ME } from '../gql/query';
// 匯入 DeleteNote 元件
import DeleteNote from './DeleteNote';

const NoteUser = props => {
  const { loading, error, data } = useQuery(GET_ME);
  // 若正在載入資料，則顯示正在載入訊息
  if (loading) return <p>Loading...</p>;
  // 若擷取資料時發生錯誤，則顯示錯誤訊息
  if (error) return <p>Error!</p>;

  return (
    <React.Fragment>
      Favorites: {props.note.favoriteCount} <br />
      {data.me.id === props.note.author.id && (
        <React.Fragment>
          <Link to={`/edit/${props.note.id}`}>Edit</Link> <br />
          <DeleteNote noteId={props.note.id} />
        </React.Fragment>
      )}
    </React.Fragment>
  );
};

export default NoteUser;
```

編寫此變動後，已登入使用者現在只要按一下按鈕即可刪除註記。

切換最愛

應用程式缺少的最後一項使用者功能是新增和移除「最愛」註記。我們將遵循建立元件的模式來建置此功能並將它整合至應用程式。首先，在 *src/components/FavoriteNote.js* 中建立新元件：

```
import React, { useState } from 'react';
import { useMutation } from '@apollo/client';
```

```
import ButtonAsLink from './ButtonAsLink';

const FavoriteNote = props => {
  return <ButtonAsLink>Add to favorites</ButtonAsLink>;
};

export default FavoriteNote;
```

增加任何功能之前，我們先將此元件整合至 *src/components/NoteUser.js* 元件。首先匯入元件：

```
import FavoriteNote from './FavoriteNote';
```

現在，在 JSX 中加入對元件的參照。您也許還記得，在編寫 GET_ME 查詢時，我們加入了最愛註記 ID 的清單，此時將派上用場：

```
return (
  <React.Fragment>
    <FavoriteNote
      me={data.me}
      noteId={props.note.id}
      favoriteCount={props.note.favoriteCount}
    />
    <br />
    {data.me.id === props.note.author.id && (
      <React.Fragment>
        <Link to={`/edit/${props.note.id}`}>Edit</Link> <br />
        <DeleteNote noteId={props.note.id} />
      </React.Fragment>
    )}
  </React.Fragment>
);
```

您會注意到，我們傳遞了三個屬性至 FavoriteNote 元件。第一是 me 資料，包括目前使用者的 ID 以及該使用者的最愛註記清單。第二是目前註記的 noteID。最後是 favoriteCount，這是使用者最愛的目前總數。

現在，我們可以回到 *src/components/FavoriteNote.js* 檔案。在此檔案中，我們將最愛的目前數量儲存為狀態，並檢查目前的註記 ID 是否在現有的使用者最愛清單中。我們將根據使用者的最愛狀態變更使用者看到的文字。當使用者按一下按鈕，就會呼叫 toggleFavorite 變動，從使用者的清單中新增或移除最愛。我們先更新元件，以使用狀態來控制點擊功能。

```
const FavoriteNote = props => {
  // 將註記的最愛計數儲存為狀態
  const [count, setCount] = useState(props.favoriteCount);

  // 將使用者是否把註記加入最愛儲存為狀態
  const [favorited, setFavorited] = useState(
    // 檢查註記是否存在於使用者最愛清單中
    props.me.favorites.filter(note => note.id === props.noteId).length > 0
  );

  return (
    <React.Fragment>
      {favorited ? (
        <ButtonAsLink
          onClick={() => {
            setFavorited(false);
            setCount(count - 1);
          }}
        >
          Remove Favorite
        </ButtonAsLink>
      ) : (
        <ButtonAsLink
          onClick={() => {
            setFavorited(true);
            setCount(count + 1);
          }}
        >
          Add Favorite
        </ButtonAsLink>
      )}
      : {count}
    </React.Fragment>
  );
};
```

透過上述變更，我們在使用者按下按鈕時更新狀態，但尚未呼叫 GraphQL 變動。讓我
們來完成此元件，編寫變動並加入至元件。結果如圖 16-3 所示。

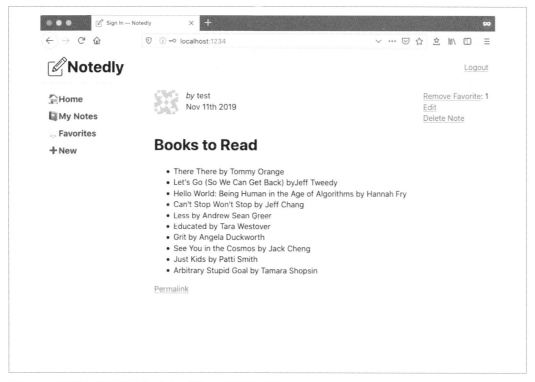

圖 16-3　已登入使用者能夠建立、讀取、更新和刪除註記

在 *src/gql/mutation.js* 中：

```
// 新增 TOGGLE_FAVORITE 變動
const TOGGLE_FAVORITE = gql`
  mutation toggleFavorite($id: ID!) {
    toggleFavorite(id: $id) {
      id
      favoriteCount
    }
  }
`;

// 更新以加入 TOGGLE_FAVORITE
export { EDIT_NOTE, DELETE_NOTE, TOGGLE_FAVORITE };
```

在 *src/components/FavoriteNote.js* 中：

```javascript
import React, { useState } from 'react';
import { useMutation } from '@apollo/client';

import ButtonAsLink from './ButtonAsLink';
// TOGGLE_FAVORITE 變動
import { TOGGLE_FAVORITE } from '../gql/mutation';
// 新增要重新擷取的 GET_MY_FAVORITES 查詢
import { GET_MY_FAVORITES } from '../gql/query';

const FavoriteNote = props => {
  // 將註記的最愛計數儲存為狀態
  const [count, setCount] = useState(props.favoriteCount);

  // 將使用者是否將註記加入最愛儲存為狀態
  const [favorited, setFavorited] = useState(
    // 檢查註記是否存在於使用者最愛清單中
    props.me.favorites.filter(note => note.id === props.noteId).length > 0
  );

  // toggleFavorite 變動勾點
  const [toggleFavorite] = useMutation(TOGGLE_FAVORITE, {
    variables: {
      id: props.noteId
    },
    // 重新擷取 GET_MY_FAVORITES 查詢以更新快取
    refetchQueries: [{ query: GET_MY_FAVORITES }]
  });

  // 若使用者將註記加入最愛，則顯示移除最愛的選項
  // 否則，顯示新增為最愛的選項
  return (
    <React.Fragment>
      {favorited ? (
        <ButtonAsLink
          onClick={() => {
            toggleFavorite();
            setFavorited(false);
            setCount(count - 1);
          }}
        >
          Remove Favorite
        </ButtonAsLink>
      ) : (
        <ButtonAsLink
```

```
            onClick={() => {
              toggleFavorite();
              setFavorited(true);
              setCount(count + 1);
            }}
          >
            Add Favorite
          </ButtonAsLink>
        )}
      : {count}
    </React.Fragment>
  );
};

export default FavoriteNote;
```

結論

在本章中，我們將網站變成功能齊全的 CRUD（建立、讀取、更新、刪除）應用程式。我們現在能夠根據已登入使用者的狀態執行 GraphQL 查詢和變動。建構使用者介面以整合 CRUD 使用者互動的能力，將為建構各種網頁應用程式奠定穩固的基礎。有了此功能後，我們已完成應用程式的 MVP（最簡可行產品）。在下一章中，我們會將應用程式部署至網頁伺服器。

## 第十七章

部署網頁應用程式

我剛開始從事網頁開發工作的時候,「部署」是指透過 FTP 用戶端將檔案從本機電腦上傳到網頁伺服器。當時沒有任何建構步驟或管道,這表示我的電腦上的原始檔案與網頁伺服器上的檔案相同。如果出錯,我就要瘋狂地嘗試修正問題,或者換成舊檔案的複本以復原變更。這種野蠻方法在當時行得通,但也導致不少網站停機時間和預料外的問題。

在現今的網頁開發世界,本機開發環境與網頁伺服器的需求截然不同。在本機電腦上,我要在更新檔案時立即看到變更,還要有未壓縮檔案以進行除錯。在網頁伺服器上,我只想在部署時看到變更,檔案越小越好。在本章中,我們將探討把靜態應用程式部署至網頁的方式。

靜態網站

網頁瀏覽器可剖析 HTML、CSS 和 JavaScript,產生可以互動的網頁。有別於 Express、Rails、Django 等架構在要求時為頁面伺服器端產生標記,靜態網站只是儲存在伺服器上的 HTML、CSS 和 JavaScript 的集合。其複雜性從包含標記的單一 HTML 檔案到編譯範本語言、多個 JavaScript 檔案以及 CSS 前置處理器的複雜前端建構流程不等。但總而言之,靜態網站是這三種檔案類型的集合。

我們的應用程式 Notedly 是靜態網頁應用程式。其中包含一些標記、CSS 和 JavaScript。我們的建置工具 Parcel(*https://parceljs.org*)可將我們編寫的元件編譯成瀏覽器可使用的檔案。在本機開發中,我們執行網頁伺服器,並使用 Parcel 的熱模組取代功能即時更新這些檔案。如果我們觀察 *package.json* 檔案,您會看到我已加入兩個 deploy 指令碼:

```
"scripts": {
  "deploy:src": "parcel build src/index.html --public-url ./",
  "deploy:final": "parcel build final/index.html --public-url ./"
}
```

為了建構應用程式，請開啟終端機應用程式，**cd** 進入 *web* 目錄的根目錄，其中包含專案，然後執行 **build** 命令：

```
# 如果還不在 web 目錄中，請務必 cd 進入其中
$ cd Projects/notedly/web
# 從 src 目錄建立檔案
$ npm run deploy:src
```

如果您遵循本書並在 *src* 目錄中開發網頁應用程式，則如前所述，在終端機中執行 npm run deploy:src 將從程式碼產生已建構的應用程式。如果您偏好使用以範例程式碼打包的應用程式最終版本，則使用 npm run deploy:final 將從 *final* 應用程式目錄建構程式碼。

在本章的其餘部分，我會示範如何部署以靜態方式建構的應用程式，但這些檔案可被託管在任何可提供 HTML 的位置——從網頁代管供應商到在桌面上執行的 Raspberry Pi 不等。我們將進行的流程類型有許多實際好處，但您可以用簡單的方式部署，只需將 *.env* 檔案上傳至遠端 API、執行組建指令碼並上傳檔案即可。

伺服器端轉譯的 *React*

雖然我們將 React 應用程式建構成靜態網頁應用程式，但也可以在伺服器上轉譯 JSX。此技術通常被稱為「通用 JavaScript」，它有許多好處，包括效能提升、用戶端 JavaScript 後援、SEC 改善。Next.js（*https:// nextjs.org*）等架構設法簡化此設定。雖然本書未涵蓋伺服器端轉譯的 JavaScript 應用程式，但我強烈建議您在熟悉用戶端 JavaScript 應用程式開發後探索此方法。

部署管道

對於應用程式的部署，我們要利用簡單的管道，讓我們可以將變化自動部署到程式碼庫。對於管道，我們要使用兩項服務。首先是我們的原始碼儲存庫，GitHub（*https:// github.com*）。第二是網頁主機 Netlify（*https://www.netlify.com*）。我選擇 Netlify 是因為它提供豐富卻易於使用的部署功能集，並且著重於靜態和無伺服器應用程式。

我們的目標是自動將任何對應用程式 master 分支的提交部署至網頁主機。我們可以將該流程視覺化，如圖 17-1 所示。

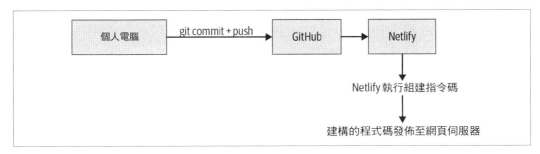

圖 17-1　我們的部署流程

使用 Git 託管原始碼

部署流程的第一步是設定原始碼儲存庫。您也許已經完成這步驟，這樣跳到下一個步驟就好。如前所述，我們會使用 GitHub（*https://github.com*），但是這個流程也可以用其他公共 Git 主機配置，例如 GitLab（*https://about.gitlab.com*）或 Bitbucket（*https://bitbucket.org*）。

GitHub 儲存庫

我們將建立新的 GitHub 儲存庫，但您也可以透過建立 GitHub 帳戶的分支來使用 *https://github.com/javascripteverywhere/web* 上的官方程式碼範例。

首先，前往 GitHub 並建立帳戶或登入現有帳戶。然後，按一下 New Repository 按鈕。提供名稱，按一下 Create Repository 按鈕（圖 17-2）。

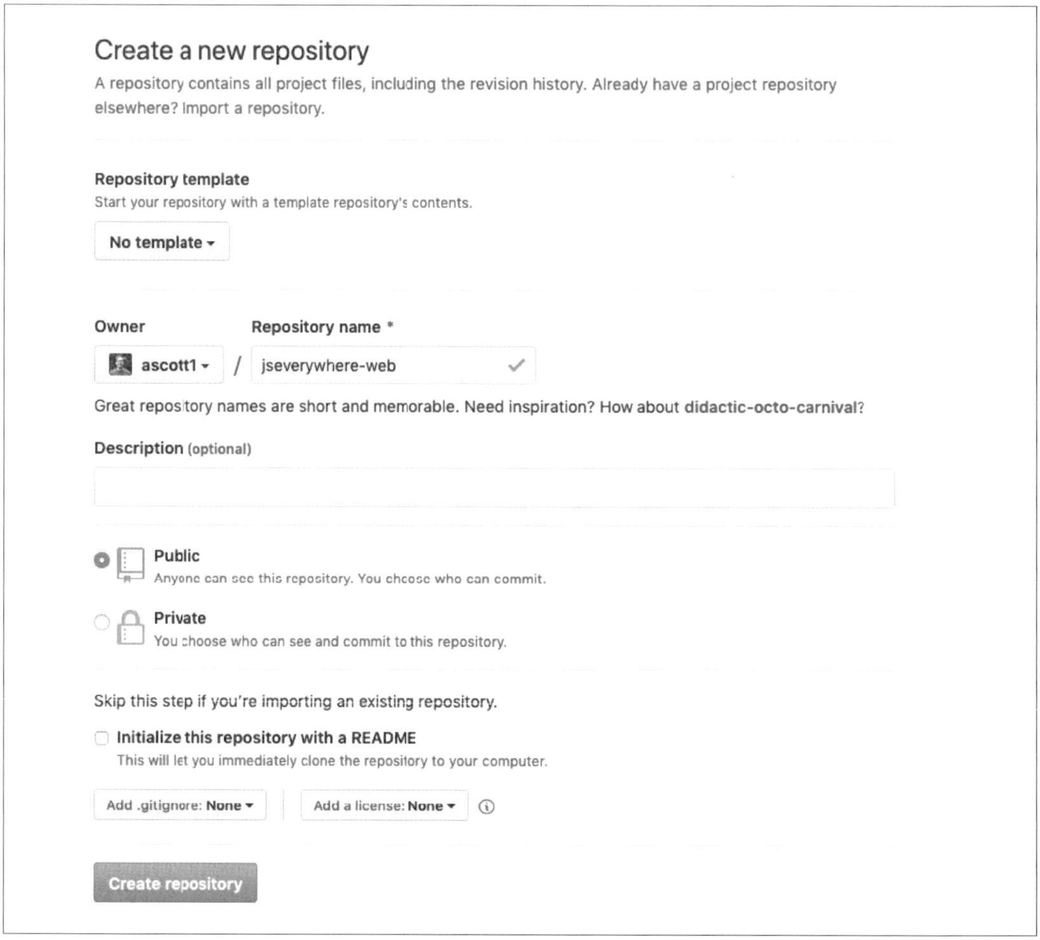

Create a new repository

A repository contains all project files, including the revision history. Already have a project repository elsewhere? Import a repository.

Repository template
Start your repository with a template repository's contents.

[No template ▾]

Owner   Repository name *

[👤 ascott1 ▾] / [jseverywhere-web ✓]

Great repository names are short and memorable. Need inspiration? How about **didactic-octo-carnival**?

Description (optional)

[   ]

⦿ 📖 **Public**
     Anyone can see this repository. You choose who can commit.

○ 🔒 **Private**
     You choose who can see and commit to this repository.

Skip this step if you're importing an existing repository.

☐ **Initialize this repository with a README**
     This will let you immediately clone the repository to your computer.

[Add .gitignore: **None** ▾]   [Add a license: **None** ▾]   ⓘ

[**Create repository**]

圖 17-2 　 GitHub 的新儲存庫頁面

現在，在終端機應用程式中前往網頁應用程式的目錄，將 Git 來源設為新的 GitHub 儲存庫，然後推送程式碼。因為我們要更新現有的 Git 儲存庫，所以我們的說明將與 GitHub 的說明稍微不同：

```
# 如果還不在目錄中，請先進入目錄
cd Projects/notedly/web
# 更新 GitHub 遠端來源以符合儲存庫
git remote set-url origin git://YOUR.GIT.URL
# 將程式碼推送至新的 GitHub 儲存庫
git push -u origin master
```

現在，如果前往 *https://github.com/<your_username>/<your_repo_name>*，就會看到應用程式的原始碼。

使用 Netlify 部署

將原始碼置於遠端 Git 儲存庫後，我們現在可以配置網頁主機 Netlify 以建構和部署程式碼。首先，前往 *netlify.com* 並註冊帳戶。建立帳戶後，按一下「New site from Git」按鈕。系統會依下列步驟引導您設定網站部署：

1. 選擇 GitHub 做為 Git 提供者，GitHub 將連接和授權您的 GitHub 帳戶。

2. 選擇包含原始碼的儲存庫。

3. 設定組建設定。

關於組建設定，請增加以下程式碼（圖 17-3）：

1. 建構命令：`npm run deploy:src`（如果部署最終範例程式碼，則是 `npm run deploy:final`）。

2. 發佈目錄：`dist`。

3. 在「Advanced settings」下，按一下「New variable」並新增變數名稱 `API_URI`，變數值為 *https://<your_api_name>.herokuapp.com/api*（這是我們部署至 Heroku 的 API 應用程式的 URL）。

配置應用程式後，按一下「Deploy site」按鈕。幾分鐘後，應用程式將在 Netlify 提供的 URL 上執行。現在，每當我們推送變更至 GitHub 儲存庫，我們的網站就會自動被部署。

緩慢的初次載入

我們部署的網頁應用程式將從已部署的 Heroku API 載入資料。採用 Heroku 免費方案的情況下，應用程式容器會在閒置一小時後進入睡眠狀態。如果有一段時間未使用 API，則容器重新啟動時，初始資料載入會很慢。

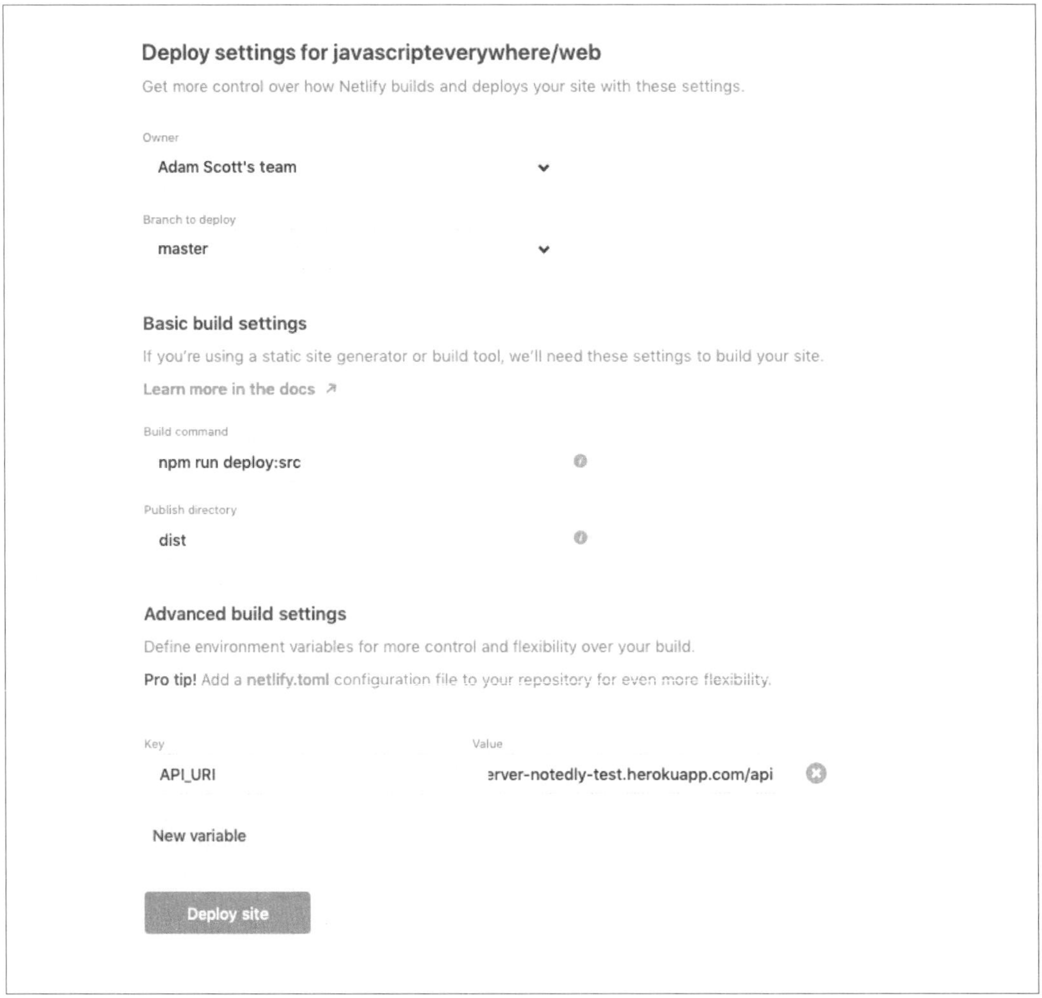

圖 17-3　透過 Netlify，我們可以配置建構流程和環境變數

結論

在本章中，我們已部署靜態網頁應用程式。為此，我們使用 Netlify 的部署管道功能來觀察 Git 儲存庫的變更、執行建構流程以及儲存環境變數。奠定此基礎後，我們已具備公開發佈網頁應用程式所需的一切。

第十八章

使用 Electron 的
桌面應用程式

我第一次接觸個人電腦是在擺滿 Apple II 的學校電腦教室中。我和同學每週都會去電腦教室上課，拿到一些磁片，學習如何載入應用程式（通常是 *Oregon Trail*）。我不太記得這些課程，只記得當時感覺完全*被困在*我現在能夠控制的小世界中。個人電腦自 1980 年代中期至今已有長足進展，但我們仍然仰賴桌面應用程式執行許多任務。

我平常使用電子郵件用戶端、文字編輯器、聊天用戶端、試算表軟體、音樂串流服務及其他桌面軟體。通常，這些都有對應的網頁應用程式，但桌面應用程式的便利性與整合可提供使用者更好的體驗。但多年來，建立這些應用程式的能力感覺遙不可及。幸好，現在我們能夠使用網頁技術建構功能齊全的桌面應用程式，而且學習曲線很小。

建構內容

在接下來的幾章中，我們將為社交註記應用程式 Notedly 建構桌面應用程式。我們的目標是使用 JavaScript 和網頁技術開發使用者可以在電腦上下載並安裝的桌面應用程式。目前，此應用程式是將網頁應用程式包在桌面應用程式殼層中的簡易建置。以這種方式開發應用程式可以快速將桌面應用程式提供給感興趣的使用者，同時提供在日後為桌面使用者推出自訂應用程式的靈活性。

建構方式

為了建構應用程式，我們將使用 Electron（*https://electronjs.org*），這是使用網頁技術建構跨平台桌面應用程式的開放原始碼架構。它的運作方式是利用 Node.js 和 Chrome 的基礎瀏覽器引擎 Chromium。因此，開發人員可以存取瀏覽器的世界、Node.js 以及通常在網頁環境中無法使用的作業系統功能。Electron 最初是由 GitHub 為 Atom 文字編輯器（*https://atom.io*）而開發，但之後成為大型和小型應用程式的平台，包括 Slack、VS Code、Discord 和 WordPress Desktop。

開始動工

開始開發之前，必須將專案起始檔案複製到電腦。專案的原始碼（*https://github.com/javascripteverywhere/desktop*）包含開發應用程式所需的所有指令碼和第三方函式庫參考。為了將程式碼複製到本機電腦，請開啟終端機，前往用來儲存專案的目錄，對專案儲存庫進行 **git clone**。如果您已讀完 API 和網頁章節，您或許也已建立 *notedly* 目錄來整理專案程式碼：

```
$ cd Projects
$ # 如果還沒有 notedly 目錄，請輸入「mkdir notedly」指令
$ cd notedly
$ git clone git@github.com:javascripteverywhere/desktop.git
$ cd desktop
$ npm install
```

安裝第三方相依性

只要複製本書的起始程式碼並在目錄中執行 npm install，就不必為任何個別第三方相依性再次執行 npm install。

程式碼的結構如下：

/src

您應遵循本書在此目錄中進行開發。

/solutions

此目錄包含各章的解決方案。如果您遇到問題，這些可以供您參考。

/final

　　此目錄包含最終有效專案。

建立專案目錄並安裝相依性之後，我們就準備好開始開發。

第一個 Electron 應用程式

將儲存庫複製到電腦後，我們來開發第一個 Electron 應用程式。如果觀察 *src* 目錄，會看到有幾個檔案。*index.html* 檔案包含準系統 HTML 標記。目前，該檔案做為 Electron 的「轉譯器程序」，也就是說，它將是 Electron 應用程式顯示為視窗的網頁。

```
<!DOCTYPE html>
<html>
  <head>
    <meta charset="UTF-8">
    <title>Notedly Desktop</title>
  </head>
  <body>
    <h1>Hello World!</h1>
  </body>
</html>
```

我們將在 *index.js* 檔案中設定 Electron 應用程式。在我們的應用程式中，該檔案將包含 Electron 所謂的「主程序」，用來定義應用程式殼層。主程序的運作方式是在 Electron 中建立 BrowserWindow 執行個體，以做為應用程式殼層。

index.js 與 *main.js*

雖然我將檔案命名為 *index.js* 以遵循範例應用程式其他部分的模式，但在 Electron 開發中，通常將「主程序」檔案命名為 *main.js*。

我們設定主程序以顯示包含 HTML 頁面的瀏覽器視窗。首先，在 *src/index.js* 中匯入 Electron 的 app 和 browserWindow 功能：

```
const { app, BrowserWindow } = require('electron');
```

現在，我們可以定義應用程式的 browserWindow 以及應用程式將載入的檔案。

在 *./src/index.js* 中，增加以下程式碼：

```javascript
const { app, BrowserWindow } = require('electron');

// 為了避免廢棄項目收集，將視窗宣告為變數
let window;

// 指定瀏覽器視窗的詳細資料
function createWindow() {
  window = new BrowserWindow({
    width: 800,
    height: 600,
    webPreferences: {
      nodeIntegration: true
    }
  });

  // 載入 HTML 檔案
  window.loadFile('index.html');

  // 視窗關閉時，重設視窗物件
  window.on('closed', () => {
    window = null;
  });
}

// electron 就緒時，建立應用程式視窗
app.on('ready', createWindow);
```

完成後，即可在本機執行桌面應用程式。在終端機應用程式中，從專案的目錄執行以下命令：

```
$ npm start
```

此命令將執行 electron src/index.js，啟動應用程式的開發環境版本（請見圖 18-1）。

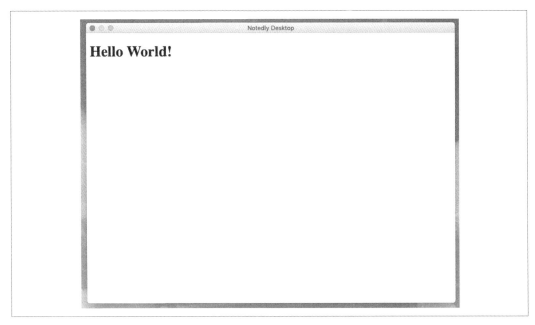

圖 18-1　執行啟動命令將啟動「Hello World」Electron 應用程式

macOS 應用程式視窗細節

macOS 處理應用程式視窗的方式和 Windows 不同。使用者按一下「關閉視窗」按鈕後，應用程式視窗會關閉，但應用程式本身不會結束。在 macOS dock 中按一下應用程式圖示，會重新開啟應用程式視窗。Electron 可讓我們建置此功能。在 *src/index.js* 檔案最下方增加以下程式碼：

```
// 在所有視窗關閉時結束
app.on('window-all-closed', () => {
  // 在 macOS 上，僅在使用者明確結束應用程式時結束
  if (process.platform !== 'darwin') {
    app.quit();
  }
});

app.on('activate', () => {
  // 在 macOS 上，在 dock 中按一下圖示時重新建立視窗
  if (window === null) {
    createWindow();
```

```
    }
});
```

增加後，結束應用程式並使用 `npm start` 命令重新執行，即可看到變更。現在，如果使用者使用 macOS 存取應用程式，就會在關閉視窗時看到預期的行為。

開發人員工具

由於 Electron 以 Chromium 瀏覽器引擎（Chrome、Microsoft Edge、Opera 及許多其他瀏覽器（*https://oreil.ly/iz_GY*）採用的引擎）為基礎，我們也可以存取 Chromium 的開發人員工具。因此，我們可以執行所有與瀏覽器環境相同的 JavaScript 除錯。讓我們來檢查應用程式是否處於開發模式，如果是，則應用程式啟動時會自動開啟開發人員工具。

為了執行此檢查，我們將使用 electron-util 函式庫（*https://oreil.ly/JAf2Q*）。這是小型公用程式集合，讓我們輕鬆檢查系統狀況並簡化常見 Electron 模式的樣板程式碼。我們利用 `is` 模組檢查應用程式是否處於開發模式。

在 *src/index.js* 檔案最上方匯入模組：

```
const { is } = require('electron-util');
```

現在，在應用程式碼中，我們可以在載入 HTML 檔案的 `window.loadFile`（*index.html*）下一行增加以下程式碼，當應用程式處於開發環境時，將會開啟開發工具（圖 18-2）：

```
// 若處於開發模式，則開啟瀏覽器開發人員工具
if (is.development) {
  window.webContents.openDevTools();
}
```

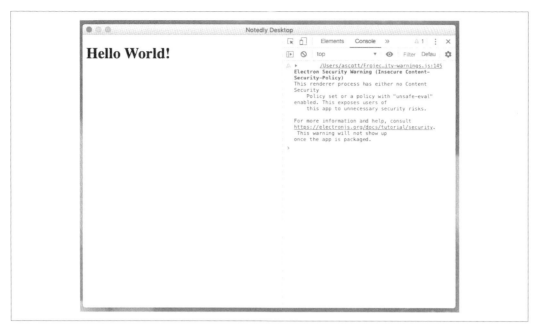

圖 18-2　現在，當我們在開發過程中開啟應用程式，瀏覽器開發人員工具就會自動開啟

Electron 安全性警告

您也許會注意到，Electron 應用程式目前顯示與不安全內容安全性原則
（CSP）相關的安全性警告。我們會在下一章中講解此警告。

可輕鬆存取瀏覽器開發人員工具後，我們已準備好開發用戶端應用程式。

Electron API

桌面開發的優點在於，透過 Electron API，我們可以存取在網頁瀏覽器環境中無法使用
的作業系統層級功能，包括：

- 通知

- 原生檔案拖放

- macOS 深色模式

- 自訂選單

- 實用的鍵盤快速鍵

- 系統對話方塊

- 應用程式匣

- 系統資訊

您可以想像得到，這些選項可讓我們為桌面用戶端增加一些獨特功能並改善使用者體驗。我們在簡單的範例應用程式中不會用到這些功能，但它們值得您探索。Electron 的文件（*https://electronjs.org/docs*）提供各個 Electron API 的詳細例子。此外，Electron 團隊已建立 `electron-api-demos`（*https://oreil.ly/Xo7NM*），這是功能齊全的 Electron 應用程式，示範了 Electron API 的許多獨特功能。

結論

在本章中，我們已探討使用 Electron 透過網頁技術建構桌面應用程式的基礎知識。Electron 環境讓開發人員能夠為使用者提供跨平台桌面體驗，而不必學習錯綜複雜的多種程式設計語言和作業系統。具備在本章中探索的簡單設定以及網頁開發知識後，我們已準備好建構穩健的桌面應用程式。在下一章中，我們將探討如何將現有的網頁應用程式整合至 Electron 殼層。

## 第十九章

將現有的網頁應用程式與 Electron 整合

我經常開啟一堆網頁瀏覽器分頁,就像小孩在海邊收集貝殼。我不是為了收集,但到最後,我在幾個瀏覽器視窗中開了幾十個分頁。我不引以為傲,但我覺得不是只有我這樣。因此,如果是我最常用的網頁應用程式,我會使用桌面版。通常,這些應用程式不優於網頁版,但獨立應用程式的便利性使它們易於存取、尋找和切換。

在本章中,我們將探討如何將現有的網頁應用程式包在 Electron 殼層中。開始之前,需要範例 API 和網頁應用程式的本機複本。如果您並未依序閱讀本書,請參考附錄 A 和 B。

整合網頁應用程式

在上一章中,我們設定了 Electron 應用程式以載入 *index.html* 檔案。此外,我們也可以載入特定 URL。在此案例中,我們將從載入在本機執行的網頁應用程式 URL 開始。首先,請確定網頁應用程式和 API 在本機執行。然後,我們可以更新 *src/index.js* 檔案,將 BrowserWindow 中的 nodeIntegration 設定更新為 false。如此可避免在本機執行的節點應用程式存取外部網站的安全性風險。

```
webPreferences: {
  nodeIntegration: false
},
```

現在,用以下的程式碼取代 window.loadFile('index.html'); 這一行。

```
window.loadURL('http://localhost:1234');
```

執行網頁應用程式

網頁應用程式的本機執行個體必須在 **1234** 連接埠上執行。如果您依序閱讀本書，請從網頁應用程式目錄的根目錄執行 **npm start** 以啟動開發伺服器。

這會指示 Electron 載入 URL，而不是檔案。現在，如果用 npm start 執行應用程式，您會看到它在 Electron 視窗中載入，以及一些警告。

警告和錯誤

Electron 瀏覽器開發人員工具和終端機目前顯示大量的警告和錯誤。我們來看一下（請見圖 19-1）。

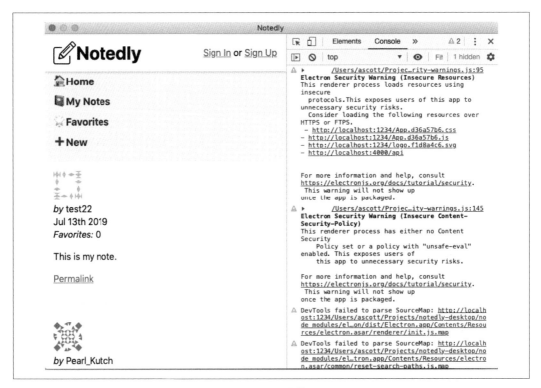

圖 19-1　我們的應用程式正在執行，但顯示大量錯誤與警告

首先，終端機顯示大量的 `SyntaxError: Unexpected Token` 錯誤。此外，開發人員工具顯示一些對應的警告，表示 `DevTools failed to parse SourceMap`。這兩個錯誤與 Parcel 產生來源對應以及 Electron 加以讀取的方式相關。可惜，我們所用的技術組合似乎無法解決此問題。我們最好的選擇是停用 JavaScript 來源對應。在應用程式視窗的開發人員工具中按一下「Settings」，然後取消勾選「Enable JavaScript source maps」（請見圖 19-2）。

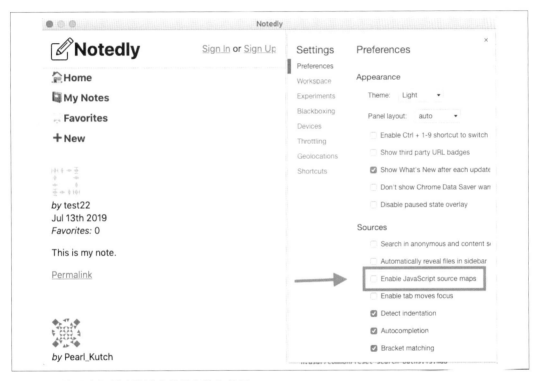

圖 19-2　停用來源對應將減少錯誤和警告數量

現在，如果結束並重新啟動應用程式，就不會再看到來源對應相關問題。這麼做的代價是在 Electron 中對用戶端 JavaScript 進行除錯可能比較困難，但幸好，我們仍可在網頁瀏覽器中存取此功能和應用程式。

最後兩個警告與 Electron 安全性相關。我們會在將應用程式打包進行生產之前解決這些問題，但現在值得探討這些警告是什麼。

Electron Security Warning（Insecure Resources）

此警告通知我們，我們正透過 *http* 連線載入網頁資源。在生產中，應一律透過 *https* 載入資源，以確保隱私和安全性。在開發中，透過 *http* 載入本地主機不是問題，因為我們會參照託管網站，後者在打包應用程式中使用 *https*。

Electron Security Warning（Insecure Content-Security-Policy）

此警告通知我們，我們尚未設定內容安全性原則（CSP）。CSP 讓我們指定應用程式可從哪些網域載入資源，大幅降低跨網站指令碼（XSS）攻擊的風險。同樣地，這在本機開發中不是問題，但對於生產很重要。我們將在本章稍後建置 CSP。

解決錯誤後，即可設定應用程式的配置檔。

配置

在本機開發時，必須能執行網頁應用程式的本機版本，但將應用程式打包以供他人使用時，要參照公用 URL。我們可以設定簡單的配置檔來處理。

在 *./src* 目錄中，增加 *config.js* 檔案，我們可以在其中儲存應用程式屬性。我已加入 *config.example.js* 檔案，您可以從終端機輕鬆複製：

```
cp src/config.example.js src/config.js
```

我們現在可以填寫應用程式的屬性：

```
const config = {
  LOCAL_WEB_URL: 'http://localhost:1234/',
  PRODUCTION_WEB_URL: 'https://YOUR_DEPLOYED_WEB_APP_URL',
  PRODUCTION_API_URL: 'https://YOUR_DEPLOYED_API_URL'
};

module.exports = config;
```

為何不採用 .env？

在先前的環境中，我們使用 *.env* 管理環境設定。在此例中，我們使用 JavaScript 設定檔，原因在於 Electron 應用程式將相依性打包的方式。

現在，在 Electron 應用程式的主程序中，我們可以使用配置檔指定在開發和生產中要載入的 URL。在 *src/index.js* 中，首先匯入 *config.js* 檔案：

```
const config = require('./config');
```

現在，我們可以更新 loadURL 功能，為各個環境載入不同的 URL：

```
// 載入 URL
 if (is.development) {
   window.loadURL(config.LOCAL_WEB_URL);
 } else {
   window.loadURL(config.PRODUCTION_WEB_URL);
 }
```

使用配置檔，即可輕鬆為 Electron 提供環境設定。

內容安全性原則

如本章先前所述，CSP 讓我們限制應用程式可從哪些網域載入資源。這有助於限制潛在的 XSS 和資料注入攻擊。在 Electron 中，我們可以指定 CSP 設定以提高應用程式的安全性。欲深入瞭解 Electron 和網頁應用程式的 CSP，建議您參考關於此主題的 MDN 文章（*https://oreil.ly/VZS1H*）。

Electron 提供用於 CSP 的內建 API，但 electron-util 函式庫提供更簡單、更簡潔的語法。在 *src/index.js* 檔案的最上方，更新 electron-util 匯入陳述式以加入 setContentSecurityPolicy：

```
const { is, setContentSecurityPolicy } = require('electron-util');
```

我們現在可以針對應用程式的正式版本設定 CSP：

```
// 在生產模式下設定 CSP
 if (!is.development) {
   setContentSecurityPolicy(`
   default-src 'none';
   script-src 'self';
   img-src 'self' https://www.gravatar.com;
   style-src 'self' 'unsafe-inline';
   font-src 'self';
   connect-src 'self' ${config.PRODUCTION_API_URL};
```

```
    base-uri 'none';
    form-action 'none';
    frame-ancestors 'none';
  `);
 }
```

編寫 CSP 後，可以使用 CSP Evaluator（*https://oreil.ly/1xNK1*）工具檢查是否有錯誤。如果我們刻意透過其他 URL 存取資源，則可以將它們新增至 CSP 規則集。

最終 *src/index.js* 檔案將如下所示：

```
const { app, BrowserWindow } = require('electron');
const { is, setContentSecurityPolicy } = require('electron-util');
const config = require('./config');

// 為了避免廢棄項目收集，將視窗宣告為變數
let window;

// 指定瀏覽器視窗的詳細資料
function createWindow() {
  window = new BrowserWindow({
    width: 800,
    height: 600,
    webPreferences: {
      nodeIntegration: false
    }
  });

  // 載入 URL
  if (is.development) {
    window.loadURL(config.LOCAL_WEB_URL);
  } else {
    window.loadURL(config.PRODUCTION_WEB_URL);
  }

  // 若處於開發模式，則開啟瀏覽器開發人員工具
  if (is.development) {
    window.webContents.openDevTools();
  }

  // 在生產模式下設定 CSP
  if (!is.development) {
    setContentSecurityPolicy(`
    default-src 'none';
    script-src 'self';
    img-src 'self' https://www.gravatar.com;
```

```
      style-src 'self' 'unsafe-inline';
      font-src 'self';
      connect-src 'self' ${config.PRODUCTION_API_URL};
      base-uri 'none';
      form-action 'none';
      frame-ancestors 'none';
    `);
  }

  // 視窗關閉時，將視窗物件解除參照
  window.on('closed', () => {
    window = null;
  });
}

// electron 就緒時，建立應用程式視窗
app.on('ready', createWindow);

// 在所有視窗關閉時結束
app.on('window-all-closed', () => {
  // 在 macOS 上，僅在使用者明確結束應用程式時結束
  if (process.platform !== 'darwin') {
    app.quit();
  }
});

app.on('activate', () => {
  // 在 macOS 上，在 dock 中按一下圖示時重新建立視窗
  if (window === null) {
    createWindow();
  }
});
```

完成後，我們已有效建置在 Electron 殼層中執行的網頁應用程式（如圖 19-3 所示）。

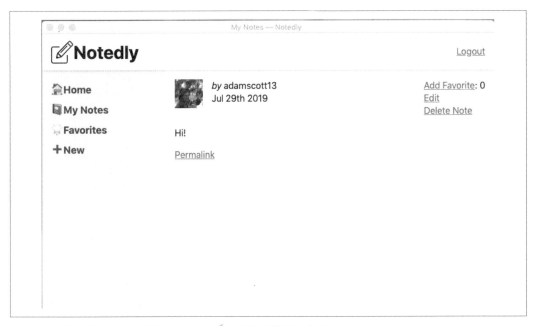

圖 19-3　我們的網頁應用程式在 Electron 應用程式殼層中執行

結論

在本章中，我們將現有的網頁應用程式整合至 Electron 桌面應用程式，這讓我們能夠快速推出桌面應用程式。但值得一提的是，此方法有其代價，因為它提供的桌面效益有限，且需要網際網路連線才能存取應用程式的完整功能。對於希望快速推出桌面應用程式的我們來說，這些缺點也許是值得的。在下一章中，我們將探討如何建構和發佈 Electron 應用程式。

第二十章

Electron 部署

第一次教程式設計課時，我想到一個很聰明的方法，透過文字冒險遊戲來介紹課程主題。學生進入教室就座，瀏覽一連串爆笑（對我來說）的提示和指示。學生的反應好壞參半，不是因為笑話（好吧，也許是因為笑話），而是因為學生無法用這種方式與「程式」互動。學生已習慣 GUI（圖形使用者介面），透過文字提示與程式互動對許多人來說感覺不對勁。

現在，為了執行我們的應用程式，我們必須在終端機應用程式中輸入提示以啟動 Electron 程序。在本章中，我們將探討如何將應用程式打包以進行發佈。為此，我們將使用熱門的 Electron Builder（*https://www.electron.build*）函式庫來封裝應用程式並發佈給使用者。

Electron Builder

Electron Builder 是為了簡化 Electron 和 Proton Native（*https://proton-native.js.org*）應用程式的封裝與發佈而設計的函式庫。雖然有其他封裝解決方案，但 Electron Builder 可簡化許多與應用程式發佈相關的痛點，包括：

- 程式碼簽署
- 多平台發佈目標
- 自動更新
- 發佈

它在靈活性與功能之間達到絕佳平衡。此外，雖然我們不會用到，但有一些適用於 Webpack（*https://oreil.ly/faYta*）、React（*https://oreil.ly/qli_e*）、Vue（*https://oreil.ly/9QY2W*）、Vanilla JavaScript（*https://oreil.ly/uJo7e*）的 Electron Builder 樣板。

 Electron Builder 與 *Electron Forge*

Electron Forge（*https://www.electronforge.io*）是另一個熱門函式庫，提供許多與 Electron Builder 類似的功能。Electron Forge 的主要優點是以官方 Electron 函式庫為基礎，Electron Builder 則是獨立建構工具。因此，使用者可受益於 Electron 生態系統的成長。缺點在於 Electron Forge 是以較為僵硬的應用程式設定為基礎。就本書而言，Electron Builder 提供了功能與學習機會的適當平衡，但我建議您也仔細研究 Electron Forge。

配置 Electron Builder

Electron Builder 的所有配置都是在應用程式的 *package.json* 檔案中進行。在該檔案中，我們可以看到 `electron-builder` 已被列為開發相依性。在 *package.json* 檔案中，我們可以加入名稱為「`build`」的機碼，其中包含為了封裝應用程式而對 Electron Builder 下達的所有指示。首先，我們加入兩個欄位：

`appId`

這是應用程式的唯一識別碼。macOS 將此概念稱為 **CFBundle Identifier**（*https://oreil.ly/OOg1O*），Windows 則稱之為 **AppUserModelID**（*https://oreil.ly/mr9si*）。標準是使用反向 DNS 格式。例如，如果我們經營網域為 *jseverywhere.io* 的公司並建構名稱為 Notedly 的應用程式，則 ID 會是 `io.jseverywhere.notedly`。

`productName`

這是產品名稱的人類可讀版本，因為 `package.json``name` 欄位要求使用連字號或單字名稱。

完成後，我們的初始組建配置將如下所示：

```
"build": {
  "appId": "io.jseverywhere.notedly",
  "productName": "Notedly"
},
```

Electron Builder 提供許多配置選項，我們將在本章中探索其中幾個。如需完整清單，請參考 Electron Builder 文件（*https://oreil.ly/ESAx-*）。

為目前平台而建構

完成最簡配置後，我們可以建立第一個應用程式組建。預設情況下，Electron Builder 將根據開發時所用的系統來產生組建。例如，由於我是在 MacBook 上編寫，因此我的組建將預設為 macOS。

首先，在 *package.json* 檔案中增加兩個指令碼以負責應用程式組建。第一，pack 指令碼會產生封裝目錄，但不會完全封裝應用程式。這對測試用途很有幫助。第二，dist 指令碼會以可發佈格式封裝應用程式，例如 macOS DMG、Windows 安裝程式或 DEB 套件。

```
"scripts": {
  // 將 pack 和 dist 指令碼新增至現有的 npm 指令碼清單
  "pack": "electron-builder --dir",
  "dist": "electron-builder"
}
```

變更後，您可以在終端機應用程式中執行 npm run dist，在專案的 *dist/* 目錄中封裝應用程式。前往 *dist/* 目錄，您可以看到 Electron Builder 已封裝應用程式以供您的作業系統發佈。

應用程式圖示

您可能已注意到，我們的應用程式是使用預設的 Electron 應用程式圖示。這對本機開發來說無所謂，但如果是正式版應用程式，必須使用自己的品牌。在專案的 */resources* 資料夾中，我已加入一些適用於 macOS 和 Windows 的應用程式圖示。為了從 PNG 檔案產生這些圖示，我使用 iConvert Icons 應用程式（*https://iconverticons.com*），它有 macOS 和 Windows 版本。

在 */resources* 資料夾中，您會看到以下檔案：

- *icon.icns*，macOS 應用程式圖示
- *icon.ico*，Windows 應用程式圖示
- 圖示目錄，包含一系列大小不同的 *.png* 檔案，供 Linux 使用

或者，我們也可以加入 macOS DMG 的背景圖片，針對視網膜螢幕新增名稱為 *background.png* 和 *background@2x.png* 的圖示。

現在，在 *package.json* 檔案中，我們更新 build 物件以指定組建資源目錄的名稱：

```
"build": {
  "appId": "io.jseverywhere.notedly",
  "productName": "Notedly",
  "directories": {
    "buildResources": "resources"
  }
},
```

現在，建構應用程式時，Electron Builder 會用我們的自訂應用程式圖示加以封裝（請見圖 20-1）。

圖 20-1　macOS dock 中的自訂應用程式圖示

為多個平台而建構

目前，我們只針對與開發平台相符的作業系統建構應用程式。Electron 做為平台的一大優點是我們可以使用相同的程式碼來針對多個平台，只要更新 dist 指令碼即可。為此，Electron Builder 利用了免費的開放原始碼 electron-build-service（*https://oreil.ly/IEIfW*）。我們將使用此服務的公用執行個體，但尋求更高安全性和隱私的組織可以自我裝載。

在 package.json 中，將 dist 指令碼更新成：

```
"dist": "electron-builder -mwl"
```

這會產生針對 macOS、Windows 和 Linux 的組建。我們可以發佈應用程式，以發行版本的形式將它上傳至 GitHub 或任何可以發佈檔案的位置，例如 Amazon S3 或網頁伺服器。

程式碼簽署

macOS 和 Windows 都包含*程式碼簽署*的概念。程式碼簽署可提高安全性和使用者信任，因為它有助於展現應用程式的可靠性。我不會介紹程式碼簽署流程，因為它會因作業系統而異並且會對開發人員帶來一定的成本。Electron Builder 文件提供綜合文章（*https://oreil.ly/g6wEz*），涵蓋各種平台的程式碼簽署。此外，Electron 文件（*https://oreil.ly/Yb4JF*）提供一些資源和連結。如果您要建構正式版應用程式，建議您進一步研究 macOS 和 Windows 的程式碼簽署選項。

結論

我們已探索部署 Electron 應用程式的冰山一角。在本章中，我們使用 Electron Builde 建構應用程式。我們可以透過任何網頁主機輕鬆上傳和發佈應用程式。超出這些需求後，我們可以使用 Electron Builder 將組建整合至持續交付管道；自動推送發行版本至 GitHub、S3 或其他發佈平台；並且將自動更新整合至應用程式。如果您有興趣進一步探索 Electron 開發和應用程式發佈的主題，這些是很棒的後續步驟。

## 第二十一章

使用 React Native 的 行動應用程式

1980 年代末期的某一天，我和爸媽去逛街，看到一台小型可攜式電視。那是由電池供電的方盒，有天線、小型揚聲器以及小巧的黑白螢幕。我可以在我家後院收看週六晨間卡通，這令我感到震撼。雖然我未曾擁有過，但光是知道有這種裝置存在，就讓我感覺自己活在科幻小說中的未來世界。我當時沒想到，成年後，我隨身攜帶的裝置不僅可以用來看《太空超人》，還能存取無限的資訊、聽音樂、玩遊戲、做筆記、拍照、叫車、購物、查看天氣以及完成各種其他事務。

2007 年，賈伯斯發表了 iPhone，他說「每隔一段時間，就會出現改變一切的革命性產品」。當然，智慧型手機在 2007 年之前就已存在，但直到 iPhone 崛起（隨後 Android 崛起），手機才真正變得智慧化。在這幾年間，智慧型手機應用程式已超越最初的「無奇不有」淘金熱階段，成為使用者要求品質並抱持高度期待的產品。現今的應用程式在功能、互動和設計方面有很高的標準。更加困難的是，現代行動應用程式開發分成 Apple iOS 和 Android 平台，兩者使用不同的程式語言和工具鏈。

您可能已經猜到（就在書名中），JavaScript 讓開發人員能夠編寫跨平台行動應用程式。在本章中，我會介紹使之成真的函式庫 React Native，以及 Expo 工具鏈。我們也會複製在接下來的幾章中將建構的範例專案程式碼。

建構內容

在接下來的幾章中，我們將為社交註記應用程式 Notedly 建構行動用戶端。我們的目標是使用 JavaScript 和網頁技術開發使用者可在行動裝置上安裝的應用程式。我們將建置功能子集，以避免與網頁應用程式章節有太多重複。確切而言，我們的應用程式將：

- 適用於 Apple iOS 和 Android 作業系統

- 從 GraphQL API 載入註記摘要與個別使用者註記

- 使用 CSS 和樣式化元件來套用樣式

- 執行標準和動態路由

這些功能將讓您大致瞭解使用 React Native 開發行動應用程式的核心概念。開始之前，我們先仔細看看我們將使用的技術。

建構方式

React Native 是我們用來開發應用程式的核心技術。React Native 讓我們使用 React 以 JavaScript 編寫應用程式，並針對原生行動平台加以轉譯。這表示對使用者而言，React Native 應用程式與使用平台的程式設計語言編寫的應用程式之間沒有明顯差別。這是 React Native 的主要優勢，其他以網頁技術為基礎的熱門行動架構通常將網頁檢視包在應用程式殼層中。React Native 被 Facebook、Instagram、Bloomberg、Tesla、Skype、Walmart、Pinterest 等公司用來開發應用程式。

我們的應用程式開發工作流程的第二個關鍵部分是 Expo，它是由工具與服務組成的集合，透過非常實用的功能簡化 React Native 開發，例如在裝置上預覽、應用程式組建，以及延伸核心 React Native 函式庫。開始開發之前，建議您：

1. 前往 *expo.io* 並建立 Expo 帳戶。

2. 在終端機應用程式中輸入 `npm install expo-cli--global` 以安裝 Expo 命令列工具。

3. 在終端機應用程式中輸入 `expo login`，從本機登入 Expo 帳戶。

4. 為行動裝置安裝 Expo Client 應用程式。在 *expo.io/tools* 上可以找到 Expo Client iOS 和 Android 應用程式的連結。

---

5. 在 Expo Client 應用程式中登入您的帳戶。

最後，我們將再次使用 Apollo Client（*https://oreil.ly/xR62T*）與來自 GraphQL API 的資料互動。Apollo Client 包含用於處理 GraphQL 的開放原始碼工具集合。

開始動工

開始開發之前，必須先將專案起始檔案複製到電腦。專案的原始碼（*https://github.com/javascripteverywhere/mobile*）包含開發應用程式所需的所有指令碼和第三方函式庫的引用。為了將程式碼複製到本機電腦，請開啟終端機，前往用來儲存專案的目錄，對專案儲存庫進行 **git clone**。如果您已讀過 API、網頁及／或桌面章節，您或許也已建立 *notedly* 目錄來整理專案程式碼：

```
$ cd Projects
$ # 如果還沒有 notedly 目錄，請輸入「mkdir notedly」命令
$ cd notedly
$ git clone git@github.com:javascripteverywhere/mobile.git
$ cd mobile
$ npm install
```

安裝第三方相依性

只要複製本書的起始程式碼並在目錄中執行 npm install，就不必為任何個別第三方相依性再次執行 npm install。

程式碼的結構如下：

/src

您應遵循本書在此目錄中進行開發。

/solutions

此目錄包含各章的解決方案。如果您遇到問題，這些可以供您參考。

/final

此目錄包含最終有效專案。

其餘檔案和專案設定符合 expo-cli React Native 產生器的標準輸出，您可以在終端機中輸入 `expo initi` 加以執行。

 App.js?

由於 Expo 組建鏈的運作方式，專案根目錄中的 *App.js* 檔案通常是應用程式的進入點。為了使用本書其餘部分中的程式碼將我們的行動專案標準化，*App.js* 檔案僅用作對 */src/Main.js* 檔案的參照。

我們已將程式碼複製到本機電腦並安裝相依性，接著來執行應用程式。為了啟動應用程式，請在終端機應用程式中輸入：

```
$ npm start
```

這會在瀏覽器中的本機連接埠上開啟 Expo 的「Metro Bundler」網頁應用程式。您可以按一下任一「Run on…」連結以啟動本機裝置模擬器。您也可以掃描 QRcode，在任何裝有 Expo Client 的實體裝置上啟動應用程式（圖 21-1）。

圖 21-1　啟動應用程式後，Expo 的 Metro Bundler

安裝設備模擬器

若要執行 iOS 裝置模擬器,必須下載並安裝 Xcode(*https://oreil.ly/bgde4*)(僅限 macOS)。如果是 Android,請下載 Android Studio(*https://oreil.ly/bjqkn*)並依照 Expo 的指南(*https://oreil.ly/cUGsr*)設定裝置模擬器(請見圖 21-2 的比較)。但如果您才剛接觸行動應用程式開發,建議您從自己的實體裝置開始。

圖 21-2　我們的應用程式同時在 iOS 和 Android 裝置模擬器上執行

如果您已從電腦的終端機應用程式以及行動裝置上的 Expo Client 應用程式中登入 Expo，您只需開啟 Expo Client 應用程式並按一下 Projects 索引標籤，即可開啟應用程式式（圖 21-3）。

圖 21-3　透過 Expo Client，我們可以在實體裝置上預覽應用程式

將程式碼複製到本機電腦並且能夠使用 Expo Client 預覽應用程式後，您已具備開發行動應用程式所需的一切。

結論

本章介紹了 React Native 和 Expo。我們複製了範例專案程式碼、在本機執行，並且在實體裝置或模擬器上預覽。React Native 讓網頁和 JavaScript 開發人員能夠運用他們熟悉的技能和工具，建構功能齊全的原生行動應用程式。Expo 簡化工具鏈，降低原生行動開發的門檻。有了這兩個工具，新手可以輕鬆開始行動開發，精通網頁的團隊則可快速推出行動應用程式開發技能集。在下一章中，我們將仔細研究 React Native 的功能並將路徑和樣式導入應用程式。

## 第二十二章

行動應用程式殼層

我的老婆是攝影師，一生中大部分的時間都是在矩形框中構圖。在攝影中，有拍攝主體、光線、角度等許多變數，但影像的比例保持一致。在這樣的限制下，奇妙的事情發生了，塑造了我們看待和記住周遭世界的方式。行動應用程式開發帶來類似的機會。在矩形小螢幕的限制下，我們可以建構非常強大的應用程式，創造身臨其境般的使用者體驗。

在本章中，我們要開始建構應用程式的殼層。為此，我們先仔細看看 React Native 元件的一些關鍵構件。之後，我們將探討如何利用 React Native 的內建樣式支援以及我們選擇的 CSS-in-JS 函式庫 Styled Components 將樣式套用至應用程式。瞭解如何套用樣式後，我們將探討如何將路由整合至應用程式。最後，我們將探索如何利用圖示輕鬆強化應用程式介面。

React Native 構件

我們先看看 React Native 應用程式的基本構件。您也許已經猜到，React Native 應用程式包含以 JSX 編寫的 React 元件。但少了 HTML 網頁的 DOM（文件物件模型），這些元件究竟如何運作？我們可以先從 *src/Main.js.* 中的「Hello World」元件開始。目前，我已移除樣式：

```
import React from 'react';
import { Text, View } from 'react-native';

const Main = () => {
  return (
    <View>
      <Text>
```

```
      <Text>Hello world!</Text>
    </View>
  );
};

export default Main;
```

在此標記中，有兩個值得注意的 JSX 標籤：`<View>` 和 `<Text>`。如果您來自網頁背景，則 `<View>` 標籤的用途與 `<div>` 標籤幾乎相同。它是應用程式內容的容器。它們自身沒什麼作用，但容納了所有應用程式的內容，可以彼此套疊，並用來套用樣式。每個元件都會被包含在 `<View>` 中。在 React Native 中，您可以在網頁上可能使用 `<div>` 或 `<span>` 標籤的任何位置使用 `<View>`。當然，`<Text>` 標籤用來在應用程式中容納任何文字。但有別於網頁，此單一標籤用於所有文字。

您可以想像，我們也可以使用 `<Image>` JSX 元素新增圖片至應用程式。我們更新 *src/Main.js* 檔案以加入圖片。為此，我們從 React Native 匯入 `Image` 元件並使用具有 `src` 屬性的 `<Image>` 標籤（請見圖 22-1）：

```
import React from 'react';
import { Text, View, Image } from 'react-native';

const Main = () => {
  return (
    <View style={{ flex: 1, justifyContent: 'center', alignItems: 'center' }}>
      <Text>Hello world!</Text>
      <Image source={require('../assets/images/hello-world.jpg')} />
    </View>
  );
};

export default Main;
```

前面的程式碼在檢視中轉譯一些文字和圖片。您也許注意到，`<View>` 和 `<Image>` JSX 標籤是被傳遞的屬性，讓我們控制特定行為（在此案例中是檢視樣式以及圖片來源）。將屬性傳遞至元素，即可用各種額外功能來延伸該元素。React Native 的 API 文件（*https://oreil.ly/3fACI*）記載可用於各個元素的屬性。

圖 22-1　利用 <Image> 標籤，我們可以新增圖片至應用程式（圖片來源：Windell Oskay（*https://oreil.ly/lkW3F*））

我們的應用程式尚未完成，但在下一節中，我們將探索如何使用 React Native 的內建樣式支援和 Styled Components 來改善外觀和風格。

樣式和樣式化元件

身為應用程式開發人員兼設計師，我們必須能夠將應用程式樣式化，呈現明確的外觀、風格和使用者體驗。有很多 UI 元件函式庫（例如 NativeBase（*https://nativebase.io*）或 React Native Elements（*https://oreil.ly/-M8EE*）提供各種預先定義且通常可自訂的元件。這些都值得一看，但針對我們的目的，讓我們來探索如何編排自己的樣式與應用程式版面配置。

如我們所見，React Native 提供 style 屬性，讓我們將自訂樣式套用至應用程式中的任何 JSX 元素。樣式名稱與值和 CSS 相符，只有名稱是以 camelCase 編寫，例如 line Height 和 backgroundColor。我們來更新 /src/Main.js 檔案，為 <Text> 元素加入一些樣式（請見圖 22-2）：

```
const Main = () => {
  return (
    <View style={{ flex: 1, justifyContent: 'center', alignItems: 'center' }}>
      <Text style={{ color: '#0077cc', fontSize: 48, fontWeight: 'bold' }}>
        Hello world!
      </Text>
      <Image source={require('../assets/images/hello-world.jpg')} />
    </View>
  );
};
```

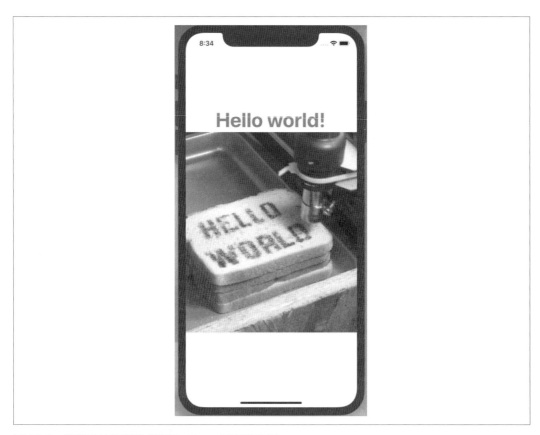

圖 22-2　我們可以使用樣式調整 <Text> 元素的外觀

當然，您可能會認為在元素層級套用樣式很快就會變成無法維護的一團混亂。我們可以使用 React Native 的 StyleSheet 函式庫來整理和重複使用樣式。

首先，我們必須將 StyleSheet 新增至匯入清單（圖 22-3）：

```
import { Text, View, Image, StyleSheet } from 'react-native';
```

我們現在可以將樣式抽象化：

```
const Main = () => {
  return (
    <View style={styles.container}>
      <Text style={styles.h1}>Hello world!</Text>
      <Text style={styles.paragraph}>This is my app</Text>
      <Image source={require('../assets/images/hello-world.jpg')} />
    </View>
  );
};

const styles = StyleSheet.create({
  container: {
    flex: 1,
    justifyContent: 'center'
  },
  h1: {
    fontSize: 48,
    fontWeight: 'bold'
  },
  paragraph: {
    marginTop: 24,
    marginBottom: 24,
    fontSize: 18
  }
});
```

Flexbox

React Native 使用 CSS flexbox 演算法定義版面配置樣式。我們不會深入探討 flexbox，但 React Native 提供的文件（*https://oreil.ly/owhZK*）清楚地解釋了 flexbox 及其排列畫面元素的使用案例。

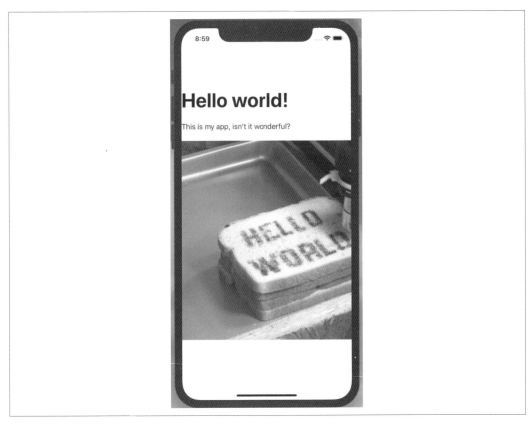

圖 22-3　我們可以使用樣式表擴充應用程式的樣式

樣式化元件

雖然 React Native 的內建 style 屬性和 StyleSheets 可立即提供我們所需的一切，但它們不是設計應用程式樣式的唯一選項。我們也可以利用熱門的網頁 CSS-in-JS 解決方案，例 如 Styled Components（*https://www.styled-components.com*）和 Emotion（*https://emotion.sh*）。我認為它們提供了更簡潔的語法、更貼近 CSS，並限制網頁與行動應用程式碼基底之間所需的 context 切換數量。使用這些支援網路的 CSS-in-JS 函式庫也創造跨平台共用樣式或元件的機會。

我們來看看如何調整上一個例子以使用 Styled Components 函式庫。首先，在 *src/Main.js* 中，我們將匯入函式庫的 native 版本：

```
import styled from 'styled-components/native'
```

我們可以將樣式移轉至 Styled Components 語法。如果您已讀過第 13 章，此語法看起來應該很眼熟。*src/Main.js* 檔案的最終程式碼會變成：

```
import React from 'react';
import { Text, View, Image } from 'react-native';
import styled from 'styled-components/native';

const StyledView = styled.View`
  flex: 1;
  justify-content: center;
`;

const H1 = styled.Text`
  font-size: 48px;
  font-weight: bold;
`;

const P = styled.Text`
  margin: 24px 0;
  font-size: 18px;
`;

const Main = () => {
  return (
    <StyledView>
      <H1>Hello world!</H1>
      <P>This is my app.</P>
      <Image source={require('../assets/images/hello-world.jpg')} />
    </StyledView>
  );
};

export default Main;
```

樣式化元件大寫

在 Styled Components 函式庫中，元素名稱必須一律大寫。

我們現在能夠將自訂樣式套用至應用程式，選用 React Native 的內建樣式系統或 Styled Components 函式庫。

路由

在網路上，我們可以使用 HTML 錨點連結將 HTML 文件與任何其他文件連結，包括我們網站上的文件。就 JavaScript 驅動應用程式而言，我們使用路由將 JavaScript 轉譯的範本連結在一起。那原生行動應用程式呢？就此類而言，我們將在畫面之間路由使用者。在本節中，我們將探索兩種常見的路由類型：索引標籤式導覽和堆疊導覽。

使用 React Navigation 的索引標籤式路由

為了執行路由，我們將利用 React Navigation 函式庫（*https://reactnavigation.org*），這是 React Native 和 Expo 團隊都推薦的路由解決方案。最重要的是，它讓建置常見的路由模式並呈現平台特有的外觀與風格變得非常簡單。

首先，我們在 *src* 目錄中建立名稱為 *screens* 的新目錄。在 *screens* 目錄中，我們建立三個新檔案，分別包含最基本的 React 元件。

在 *src/screens/favorites.js* 中增加以下程式碼：

```
import React from 'react';
import { Text, View } from 'react-native';

const Favorites = () => {
  return (
    <View style={{ flex: 1, justifyContent: 'center', alignItems: 'center' }}>
      <Text>Favorites</Text>
    </View>
  );
};

export default Favorites;
```

在 *src/screens/feed.js* 中加入：

```
import React from 'react';
import { Text, View } from 'react-native';

const Feed = () => {
  return (
    <View style={{ flex: 1, justifyContent: 'center', alignItems: 'center' }}>
```

```
      <Text>Feed</Text>
    </View>
  );
};

export default Feed;
```

最後，*src/screens/mynotes.js* 中加入：

```
import React from 'react';
import { Text, View } from 'react-native';

const MyNotes = () => {
  return (
    <View style={{ flex: 1, justifyContent: 'center', alignItems: 'center' }}>
      <Text>My Notes</Text>
    </View>
  );
};

export default MyNotes;
```

我們隨後可以在 *src/screens/index.js* 建立新檔案以做為應用程式路由的根目錄。我們先匯入初始的 react 和 react-navigation 相依性：

```
import React from 'react';
import { createAppContainer } from 'react-navigation';
import { createBottomTabNavigator } from 'react-navigation-tabs';

// 匯入畫面元件
import Feed from './feed';
import Favorites from './favorites';
import MyNotes from './mynotes';
```

匯入這些相依性後，我們可以使用 React Navigation 的 createBottomTabNavigator 在這三個畫面間建立索引標籤導覽器，以定義導覽中應出現哪些 React 元件畫面：

```
const TabNavigator = createBottomTabNavigator({
  FeedScreen: {
    screen: Feed,
    navigationOptions: {
      tabBarLabel: 'Feed',
    }
```

```
    },
    MyNoteScreen: {
      screen: MyNotes,
      navigationOptions: {
        tabBarLabel: 'My Notes',
      }
    },
    FavoriteScreen: {
      screen: Favorites,
      navigationOptions: {
        tabBarLabel: 'Favorites',
      }
    }
});

// 建立應用程式容器
export default createAppContainer(TabNavigator);
```

最後，我們更新 *src/Main.js* 檔案，只是為了要匯入路徑。現在應簡化成：

```
import React from 'react';
import Screens from './screens';

const Main = () => {
  return <Screens />;
};

export default Main;
```

在終端機中輸入 **npm start** 命令以確定應用程式正在執行。現在應在畫面下方看到索引標籤導覽，輕觸索引標籤將進入對應的畫面（圖 22-4）。

圖 22-4　我們現在可以透過索引標籤式導覽在畫面之間切換

堆疊導覽

第二種路由類型是堆疊導覽，概念是將畫面彼此「堆疊」，讓使用者在堆疊中深入或返回。假設使用者在某個新聞應用程式中檢視文章摘要。使用者可以輕觸新聞文章標題並深入堆疊進入文章內容。然後，他們可以按一下返回按鈕回到文章摘要，或選擇其他文章標提以深入堆疊。

在我們的應用程式中，我們要讓使用者能夠在註記摘要與註記本身之間切換。我們來看看如何為每個畫面建置堆疊導覽。

首先，我們建立新的 NoteScreen 元件，其中包含堆疊中的第二個畫面。使用最簡單的 React Native 元件在 *src/screens/note.js* 建立新檔案：

```
import React from 'react';
import { Text, View } from 'react-native';

const NoteScreen = () => {
  return (
    <View style={{ padding: 10 }}>
      <Text>This is a note!</Text>
    </View>
  );
};

export default NoteScreen;
```

接著，我們將變更路由器，為 NoteScreen 元件啟用堆疊式導覽。為此，我們將從 react-navigation-stack 以及新的 *note.js* 元件匯入 createStackNavigator。在 *src/screens/index.js* 中更新匯入，如下所示：

```
import React from 'react';
import { Text, View, ScrollView, Button } from 'react-native';
import { createAppContainer } from 'react-navigation';
import { createBottomTabNavigator } from 'react-navigation-tabs';
// 新增 createStackNavigator 的匯入
import { createStackNavigator } from 'react-navigation-stack';

// 匯入畫面元件，包括 note.js
import Feed from './feed';
import Favorites from './favorites';
import MyNotes from './mynotes';
import NoteScreen from './note';
```

匯入函式庫和檔案後，即可建置堆疊導覽功能。在路由器檔案中，我們必須告訴 React Navigation 哪些畫面「可堆疊」。就每個索引標籤式路徑而言，我們要讓使用者能夠前往 Note 畫面。直接定義堆疊，如下所示：

```
const FeedStack = createStackNavigator({
  Feed: Feed,
  Note: NoteScreen
});

const MyStack = createStackNavigator({
  MyNotes: MyNotes,
  Note: NoteScreen
});

const FavStack = createStackNavigator({
```

```
    Favorites: Favorites,
    Note: NoteScreen
});
```

我們現在可以更新 TabNavigator 以參照堆疊，而不是個別畫面。為此，請更新各個 TabNavigator 物件中的 screen 屬性：

```
const TabNavigator = createBottomTabNavigator({
  FeedScreen: {
    screen: FeedStack,
    navigationOptions: {
      tabBarLabel: 'Feed'
    }
  },
  MyNoteScreen: {
    screen: MyStack,
    navigationOptions: {
      tabBarLabel: 'My Notes'
    }
  },
  FavoriteScreen: {
    screen: FavStack,
    navigationOptions: {
      tabBarLabel: 'Favorites'
    }
  }
});
```

完成後，*src/screens/index.js* 檔案應如下所示：

```
import React from 'react';
import { Text, View, ScrollView, Button } from 'react-native';
import { createAppContainer } from 'react-navigation';
import { createBottomTabNavigator } from 'react-navigation-tabs';
import { createStackNavigator } from 'react-navigation-stack';

// 匯入畫面元件
import Feed from './feed';
import Favorites from './favorites';
import MyNotes from './mynotes';
import NoteScreen from './note';

// 導覽堆疊
const FeedStack = createStackNavigator({
  Feed: Feed,
  Note: NoteScreen
```

```
  });

  const MyStack = createStackNavigator({
    MyNotes: MyNotes,
    Note: NoteScreen
  });

  const FavStack = createStackNavigator({
    Favorites: Favorites,
    Note: NoteScreen
  });

  // 導覽標籤
  const TabNavigator = createBottomTabNavigator({
    FeedScreen: {
      screen: FeedStack,
      navigationOptions: {
        tabBarLabel: 'Feed'
      }
    },
    MyNoteScreen: {
      screen: MyStack,
      navigationOptions: {
        tabBarLabel: 'My Notes'
      }
    },
    FavoriteScreen: {
      screen: FavStack,
      navigationOptions: {
        tabBarLabel: 'Favorites'
      }
    }
  });

  // 建立應用程式容器
  export default createAppContainer(TabNavigator);
```

如果我們在模擬器或裝置上的 Expo 應用程式中開啟應用程式，應看不出明顯差異。這是因為我們尚未新增連結至堆疊式導覽。我們來更新 *src/screens/feed.js* 元件，加入堆疊式導覽連結。

為此，首先從 React Native 加入 Button 相依性：

```
  import { Text, View, Button } from 'react-native';
```

我們現在可以加入按鈕，按下時將前往 *note.js* 元件的內容。我們將傳遞包含導覽資訊的
元件 props，並新增包括 title 和 onPress 屬性的 <Button>：

```
const Feed = props => {
  return (
    <View style={{ flex: 1, justifyContent: 'center', alignItems: 'center' }}>
      <Text>Note Feed</Text>
      <Button
        title="Keep reading"
        onPress={() => props.navigation.navigate('Note')}
      />
    </View>
  );
};
```

完成後，應能在畫面之間切換。從 Feed 畫面按一下按鈕前往 Note 畫面，然後按一下箭
頭返回（圖 22-5）。

圖 22-5　按一下按鈕連結將前往新畫面，按一下箭頭則讓使用者返回上一個畫面

新增畫面標題

新增堆疊導覽器會自動增加標題列至應用程式的頂端。我們可以將該頂端列樣式化甚或移除。現在,我們增加標題至堆疊頂部的每個畫面。為此,我們將元件 navigationOptions 設定在元件本身之外。在 *src/screens/feed.js* 中:

```
import React from 'react';
import { Text, View, Button } from 'react-native';

const Feed = props => {
// 元件程式碼
};

Feed.navigationOptions = {
  title: 'Feed'
};

export default Feed;
```

我們可以對其他畫面元件重複此流程。

在 *src/screens/favorites.js* 中:

```
Favorites.navigationOptions = {
  title: 'Favorites'
};
```

在 *src/screens/mynotes.js* 中:

```
MyNotes.navigationOptions = {
  title: 'My Notes'
};
```

現在,每個畫面都會在上方導覽列中加入標題(圖 22-6)。

圖 22-6　在 navigationOptions 中設定標題會將標題新增至上方導覽列

圖示

我們的導覽功能現已完成，但缺乏讓使用者更方便使用的視覺元件。幸好，Expo 讓在應用程式中加入圖示變得非常簡單。我們可以前往 *expo.github.io/vector-icons* 搜尋 Expo 提供的所有圖示。其中包括許多圖示集，例如 Ant Design、Ionicons、Font Awesome、Entypo、Foundation、Material Icons、Material Community Icons。這為我們提供各式各樣的現成選擇。

我們來為索引標籤式導覽增加一些圖示。首先，我們必須匯入要使用的圖示集。在我們的案例中，將透過在 *src/screens/index.js* 中加入以下程式碼來使用 Material Community Icons：

```
import { MaterialCommunityIcons } from '@expo/vector-icons';
```

現在，若要在元件中使用圖示，我們可以將它做為 JSX 加入，包括 size、color 等設定屬性：

```
<MaterialCommunityIcons name="star" size={24} color={'blue'} />
```

我們將新增圖示至索引標籤導覽。React Navigation 包括名稱為 tabBarIcon 的屬性，這讓我們能設定圖示。將此做為函式傳遞，即可設定 tintColor，讓使用中與非使用中的索引標籤圖示具有不同顏色：

```
const TabNavigator = createBottomTabNavigator({
  FeedScreen: {
    screen: FeedStack,
    navigationOptions: {
      tabBarLabel: 'Feed',
      tabBarIcon: ({ tintColor }) => (
        <MaterialCommunityIcons name="home" size={24} color={tintColor} />
      )
    }
  },
  MyNoteScreen: {
    screen: MyStack,
    navigationOptions: {
      tabBarLabel: 'My Notes',
      tabBarIcon: ({ tintColor }) => (
        <MaterialCommunityIcons name="notebook" size={24} color={tintColor} />
      )
    }
  },
  FavoriteScreen: {
    screen: FavStack,
    navigationOptions: {
      tabBarLabel: 'Favorites',
      tabBarIcon: ({ tintColor }) => (
        <MaterialCommunityIcons name="star" size={24} color={tintColor} />
      )
    }
  }
});
```

完成後，索引標籤式導覽將顯示圖示（圖 22-7）。

圖 22-7　我們的應用程式導覽現在加入圖示

結論

在本章中，我們探討如何建構 React Native 應用程式的基本元件。您現在能夠建立元件、新增樣式並在元件之間切換。希望透過此基本設定，您可以看到 React Native 的驚人潛力。利用最簡單的新技術，您已能打造優質且具專業水準的行動應用程式雛形。在下一章中，我們將使用 GraphQL 在應用程式中加入來自 API 的資料。

## 第二十三章

GraphQL 和 React Native

在賓州匹茲堡安迪沃荷美術館，有個稱為「銀雲」的永久性裝置藝術。該裝置是個空蕩蕩的房間，裡面有十幾個矩形鋁箔氣球，每個氣球中都填充了氦氣與一般空氣的混合物。因此，這些氣球的懸浮時間比填充一般空氣的氣球更長，但不會像氦氣氣球一樣飄到天花板。遊客在美術館中漫步，快樂地拍打氣球，讓它們浮在空中。

目前，我們的應用程式就像這個充滿「雲朵」的房間。按下圖示並在應用程式殼層中四處瀏覽很有趣，但它終究是個空蕩蕩的房間（無意冒犯沃荷先生）。在本章中，我們將開始填充應用程式。首先，將探索如何使用 React Native 的清單檢視來顯示內容。然後，我們將利用 Apollo Client（*https://www.apollographql.com/docs/react*）連接至資料 API。連線後，我們將編寫 GraphQL 查詢，在應用程式畫面上顯示資料。

在本機執行 *API*

開發行動應用程式必須存取 API 的本機執行個體。如果您依序閱讀本書，您可能已在電腦上讓 Notedly API 及其資料庫開始運作。如果沒有，本書的附錄 A 中有關於如何讓 API 複本開始運作的說明以及一些範例資料。如果您已讓 API 開始運作，但想要使用一些其他資料，請從 API 專案目錄的根目錄執行 `npm run seed`。

建立清單和可捲動內容檢視

清單隨處可見。生活中,我們有待辦事項清單、購物清單、賓客清單。在應用程式中,清單是最常見的 UI 模式之一:社交媒體發文清單、文章清單、歌曲清單、電影清單等等。例子不勝枚舉。React Native 使得建立可捲動內容清單變成很簡單的流程,也許不足為奇。

React Native 上的兩種清單類型是 FlatList 和 SectionList。FlatList 適合用於單一可捲動清單中的大量項目。React Native 在背景提供了一些協助,例如只轉譯最初可檢視的項目以改善效能。SectionList 與 FlatList 很像,不同之處在於它允許清單項目群組具有標頭。例如,聯絡人清單中的聯絡人通常在英數字標頭下依照字母順序分組。

我們將使用 FlatList 顯示註記清單,使用者可以捲動清單並輕觸預覽以閱讀完整註記。為此,我們建立名稱為 NoteFeed 的新元件以用來顯示註記清單。目前,我們將使用一些臨時資料,但很快就會連接至 API。

首先,我們在 *src/components/NoteFeed.js* 建立新元件:先匯入相依性並新增臨時資料的陣列。

```
import React from 'react';
import { FlatList, View, Text } from 'react-native';
import styled from 'styled-components/native';

// 虛擬資料
const notes = [
  { id: 0, content: 'Giant Steps' },
  { id: 1, content: 'Tomorrow Is The Question' },
  { id: 2, content: 'Tonight At Noon' },
  { id: 3, content: 'Out To Lunch' },
  { id: 4, content: 'Green Street' },
  { id: 5, content: 'In A Silent Way' },
  { id: 6, content: 'Lanquidity' },
  { id: 7, content: 'Nuff Said' },
  { id: 8, content: 'Nova' },
  { id: 9, content: 'The Awakening' }
];

const NoteFeed = () => {
  // 元件程式碼將在此處
};

export default NoteFeed;
```

現在，我們可以編寫元件程式碼，其中包含 FlatList：

```
const NoteFeed = props => {
  return (
    <View>
      <FlatList
        data={notes}
        keyExtractor={({ id }) => id.toString()}
        renderItem={({ item }) => <Text>{item.content}</Text>}
      />
    </View>
  );
};
```

在先前的程式碼中，您可以看到 FlatList 接收了二個簡化資料迭代流程的屬性：

data

此屬性指向清單將包含的資料陣列。

keyExtractor

清單中的各個項目必須有唯一 key 值。我們使用 keyExtractor 來使用唯一 id 值做為 key。

renderItem

此屬性定義清單中應轉譯的內容。目前，我們從 notes 陣列傳遞個別 item 並顯示為 Text。

我們可以透過更新 *src/screens/feed.js* 元件以顯示摘要來檢視清單，：

```
import React from 'react';

// 匯入 NoteFeed
import NoteFeed from '../components/NoteFeed';

const Feed = props => {
  return <NoteFeed />;
};

Feed.navigationOptions = {
  title: 'Feed'
};

export default Feed;
```

我們回到 *src/components/NoteFeed.js* 檔案並更新 renderItem，使用樣式化元件在清單項目之間增加一點間距：

```
// FeedView 樣式化元件定義
const FeedView = styled.View`
  height: 100;
  overflow: hidden;
  margin-bottom: 10px;
`;

const NoteFeed = props => {
  return (
    <View>
      <FlatList
        data={notes}
        keyExtractor={({ id }) => id.toString()}
        renderItem={({ item }) => (
          <FeedView>
            <Text>{item.content}</Text>
          </FeedView>
        )}
      />
    </View>
  );
};
```

如果預覽應用程式，您會看到可捲動的資料清單。最後，我們可以在清單項目之間增加分隔符號。React Native 不透過 CSS 新增底部邊框，而是讓我們能夠將 ItemSeparatorComponent 屬性傳遞至 FlatList。這可讓我們進行精細控制，放置任何類型的元件以做為清單元素之間的分隔符號。這也可避免在不需要的位置放置分隔符號，例如在清單中最後一項之後。我們來新增簡單邊框，建立成樣式化元件 View：

```
// FeedView 樣式化元件定義
const FeedView = styled.View`
  height: 100;
  overflow: hidden;
  margin-bottom: 10px;
`;

// 新增 Separator 樣式化元件
const Separator = styled.View`
  height: 1;
  width: 100%;
  background-color: #ced0ce;
`;
```

```
const NoteFeed = props => {
  return (
    <View>
      <FlatList
        data={notes}
        keyExtractor={({ id }) => id.toString()}
        ItemSeparatorComponent={() => <Separator />}
        renderItem={({ item }) => (
          <FeedView>
            <Text>{item.content}</Text>
          </FeedView>
        )}
      />
    </View>
  );
};
```

我們不直接在 FlatList 中對註記內容進行轉譯和樣式化，而是將它隔離在自身的元件中。為此，我們將導入稱為 ScrollView 的新型檢視。ScrollView 的功能與您猜想的一樣：ScrollView 不配合螢幕尺寸，而是使內容溢出，讓使用者捲動。

我們在 *src/components/Note.js* 建立新元件：

```
import React from 'react';
import { Text, ScrollView } from 'react-native';
import styled from 'styled-components/native';

const NoteView = styled.ScrollView`
  padding: 10px;
`;

const Note = props => {
  return (
    <NoteView>
      <Text>{props.note.content}</Text>
    </NoteView>
  );
};

export default Note;
```

最後，透過匯入 *src/components/NoteFeed.js* 元件並在 FeedView 中使用，來利用新的 Note 元件。最終元件程式碼將如下所示（圖 23-1）：

```
import React from 'react';
import { FlatList, View, Text } from 'react-native';
import styled from 'styled-components/native';

import Note from './Note';

// 虛擬資料
const notes = [
  { id: 0, content: 'Giant Steps' },
  { id: 1, content: 'Tomorrow Is The Question' },
  { id: 2, content: 'Tonight At Noon' },
  { id: 3, content: 'Out To Lunch' },
  { id: 4, content: 'Green Street' },
  { id: 5, content: 'In A Silent Way' },
  { id: 6, content: 'Lanquidity' },
  { id: 7, content: 'Nuff Said' },
  { id: 8, content: 'Nova' },
  { id: 9, content: 'The Awakening' }
];

// FeedView 樣式化元件定義
const FeedView = styled.View`
  height: 100;
  overflow: hidden;
  margin-bottom: 10px;
`;

const Separator = styled.View`
  height: 1;
  width: 100%;
  background-color: #ced0ce;
`;

const NoteFeed = props => {
  return (
    <View>
      <FlatList
        data={notes}
        keyExtractor={({ id }) => id.toString()}
        ItemSeparatorComponent={() => <Separator />}
        renderItem={({ item }) => (
          <FeedView>
            <Note note={item} />
          </FeedView>
        )}
      />
```

```
      </View>
  );
};

export default NoteFeed;
```

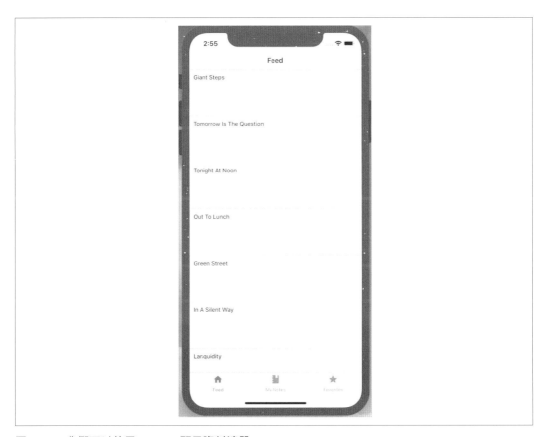

圖 23-1　我們可以使用 FlatList 顯示資料清單

我們已佈置簡單的 FlatList。接著，我們要讓從清單項目路由傳送至個別路徑成為
可能。

使清單變成可路由

輕觸清單中的項目以檢視更多資訊或其他功能是行動應用程式非常常見的模式。如果您回想上一章，我們的摘要畫面在導覽堆疊中位於註記畫面上方。在 React Native 中，我們可以使用 TouchableOpacity 做為包裝函式，使任何檢視回應使用者觸控。這表示我們可以將 FeedView 的內容包在 TouchableOpacity 中，並在按下時對使用者進行路由，與我們先前建立按鈕的方式相同。我們來更新 *src/components/NoteFeed.js* 元件以達成此目的。

首先，我們必須在 *src/components/NoteFeed.js* 中更新 **react-native** 匯入以加入 TouchableOpacity：

```
import { FlatList, View, TouchableOpacity } from 'react-native';
```

接著，更新元件以使用 TouchableOpacity：

```
const NoteFeed = props => {
  return (
    <View>
      <FlatList
        data={notes}
        keyExtractor={({ id }) => id.toString()}
        ItemSeparatorComponent={() => <Separator />}
        renderItem={({ item }) => (
          <TouchableOpacity
            onPress={() =>
              props.navigation.navigate('Note', {
                id: item.id
              })
            }
          >
            <FeedView>
              <Note note={item} />
            </FeedView>
          </TouchableOpacity>
        )}
      />
    </View>
  );
};
```

我們也必須更新 *feed.js* 畫面元件，將導覽屬性傳遞至摘要。在 *src/screens/feed.js* 中：

```
const Feed = props => {
  return <NoteFeed navigation={props.navigation} />;
};
```

如此一來，就能輕鬆前往通用註記畫面。我們來自訂該畫面，使其顯示註記的 ID。您也許已注意到，在 `NoteFeed` 元件導覽中，我們傳遞 `id` 屬性。在 *screens/note.js* 中，我們可以讀取該屬性的值：

```
import React from 'react';
import { Text, View } from 'react-native';

const NoteScreen = props => {
  const id = props.navigation.getParam('id');
  return (
    <View style={{ padding: 10 }}>
      <Text>This is note {id}</Text>
    </View>
  );
};

export default NoteScreen;
```

現在，我們能夠從清單檢視前往詳細資料頁面。接著，我們來看看如何將來自 API 的資料整合至應用程式。

GraphQL 與 Apollo Client

現在，我們準備在應用程式中讀取和顯示資料。我們將存取在本書第一部分建立的 GraphQL API。為求方便，我們將利用 Apollo Client，與本書網頁部分的 GraphQL 用戶端函式庫相同。Apollo Client 提供許多實用功能，以簡化在 JavaScript UI 應用程式中處理 GraphQL 的方式。Apollo 的用戶端功能包括從遠端 API 擷取資料、本機快取、GraphQL 語法處理、本機狀態管理等等。

首先，我們必須設定配置檔。我們將環境變數儲存在名稱為 *config.js* 的檔案中。在 React Native 中管理環境和配置變數有幾種方式，但我認為這種配置檔最直接也最有效。首先，我已加入了 *config-example.js* 檔案，您可以透過應用程式值加以複製和編輯。在終端機應用程式中，從專案目錄的根目錄：

```
$ cp config.example.js config.js
```

從這裡我們可以更新任何 dev 或 prod 環境變數。在我們的案例中，只要更新生產 API_
URI 值：

```
// 設定環境變數
const ENV = {
  dev: {
    API_URI: `http://${localhost}:4000/api`
  },
  prod: {
    // 使用公開部署的 API 位址更新 API_URI 值
    API_URI: 'https://your-api-uri/api'
  }
};
```

現在，我們能夠使用 getEnvVars 函式根據 Expo 的環境存取這兩個值。我們不會深入探
討配置檔的其餘部分，但如果您有興趣進一步探索此設定，可以找到不少評論。

現在我們可以將用戶端連接至 API。在 *src/Main.js* 檔案中，我們將使用 Apollo Client 函
式庫設定 Apollo。如果您已讀過本書的網頁部分，這看起來會很眼熟：

```
import React from 'react';
import Screens from './screens';
// 匯入 Apollo 函式庫
import { ApolloClient, ApolloProvider, InMemoryCache } from '@apollo/client';
// 匯入環境配置
import getEnvVars from '../config';
const { API_URI } = getEnvVars();

// 配置 API URI 和快取
const uri = API_URI;
const cache = new InMemoryCache();

// 建立 Apollo Client
const client = new ApolloClient({
  uri,
  cache
});

const Main = () => {
  // 將應用程式包在 ApolloProvider 高階元件中
  return (
    <ApolloProvider client={client}>
      <Screens />
    </ApolloProvider>
  );
```

```
  };

  export default Main;
```

完成後，應用程式中不會出現明顯變化，但我們現在已連接至 API。接著，我們來看看如何從該 API 查詢資料。

編寫 GraphQL 查詢

我們已連接至 API，接著來查詢一些資料。首先查詢資料庫中的所有註記，顯示在 NoteFeed 清單中。然後查詢個別註記，顯示在 Note 詳細檢視中。

註記查詢

我們將使用大量 note API 查詢而不是分頁化 noteFeed 查詢，以便簡化並減少重複。

編寫 Query 元件的方式與 React 網頁應用程式完全相同。在 *src/screens/feed.js* 中匯入 useQuery 和 GraphQL Language（gql）函式庫，如下所示：

```
// 匯入 React Native 和 Apollo 相依性
import { Text } from 'react-native';
import { useQuery, gql } from '@apollo/client';
```

接著，我們撰寫查詢：

```
const GET_NOTES = gql`
  query notes {
    notes {
      id
      createdAt
      content
      favoriteCount
      author {
        username
        id
        avatar
      }
    }
  }
`;
```

最後，更新元件以呼叫查詢：

```
const Feed = props => {
  const { loading, error, data } = useQuery(GET_NOTES);

  // 若正在載入資料，則應用程式將顯示正在載入指標
  if (loading) return <Text>Loading</Text>;
  // 若擷取資料時發生錯誤，則顯示錯誤訊息
  if (error) return <Text>Error loading notes</Text>;
  // 若查詢成功而有註記，則回傳註記摘要
  return <NoteFeed notes={data.notes} navigation={props.navigation} />;
};
```

完成後，*src/screens/feed.js* 檔案如下所示：

```
import React from 'react';
import { Text } from 'react-native';
// 匯入 Apollo 函式庫
import { useQuery, gql } from '@apollo/client';

import NoteFeed from '../components/NoteFeed';
import Loading from '../components/Loading';

// 撰寫查詢
const GET_NOTES = gql`
  query notes {
    notes {
      id
      createdAt
      content
      favoriteCount
      author {
        username
        id
        avatar
      }
    }
  }
`;

const Feed = props => {
  const { loading, error, data } = useQuery(GET_NOTES);

  // 若正在載入資料，則應用程式將顯示正在載入指標
  if (loading) return <Text>Loading</Text>;
  // 若擷取資料時發生錯誤，則顯示錯誤訊息
  if (error) return <Text>Error loading notes</Text>;
```

```
      // 若查詢成功而有註記，則回傳註記摘要
      return <NoteFeed notes={data.notes} navigation={props.navigation} />;
    };

    Feed.navigationOptions = {
      title: 'Feed'
    };

    export default Feed;
```

編寫查詢後，我們可以更新 *src/components/NoteFeed.js* 元件，以使用透過 props 傳遞的資料：

```
    const NoteFeed = props => {
      return (
        <View>
          <FlatList
            data={props.notes}
            keyExtractor={({ id }) => id.toString()}
            ItemSeparatorComponent={() => <Separator />}
            renderItem={({ item }) => (
              <TouchableOpacity
                onPress={() =>
                  props.navigation.navigate('Note', {
                    id: item.id
                  })
                }
              >
                <FeedView>
                  <Note note={item} />
                </FeedView>
              </TouchableOpacity>
            )}
          />
        </View>
      );
    };
```

變更後，在執行 Expo 的情況下，我們會看到來自本機 API 的資料顯示於清單中，如圖 23-2 所示。

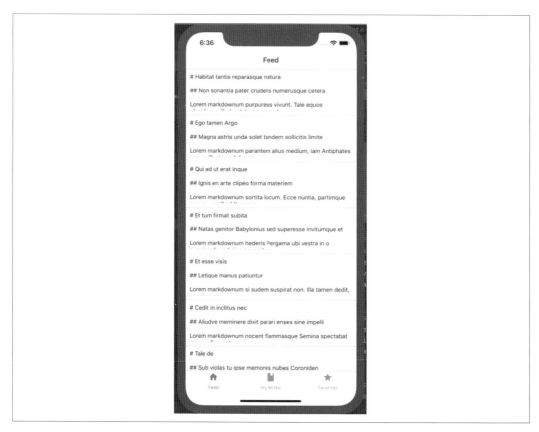

圖 23-2　API 資料顯示於摘要檢視中

目前，在清單中輕觸註記預覽仍然是顯示通用註記頁面。我們在 *src/screens/note.js* 檔案中進行 note 查詢以解決此問題：

```javascript
import React from 'react';
import { Text } from 'react-native';
import { useQuery, gql } from '@apollo/client';

import Note from '../components/Note';

// 註記查詢，接受 ID 變數
const GET_NOTE = gql`
  query note($id: ID!) {
    note(id: $id) {
      id
      createdAt
```

```
        content
        favoriteCount
        author {
          username
          id
          avatar
        }
      }
    }
  }
`;

const NoteScreen = props => {
  const id = props.navigation.getParam('id');
  const { loading, error, data } = useQuery(GET_NOTE, { variables: { id } });

  if (loading) return <Text>Loading</Text>;
  // 若發生錯誤，則向使用者顯示此訊息
  if (error) return <Text>Error! Note not found</Text>;
  // 若成功，則將資料傳遞至註記元件
  return <Note note={data.note} />;
};

export default NoteScreen;
```

最後，更新 *src/components/Note* 元件檔案以顯示註記內容。我們增加兩個新的相依性 react-native-markdown-renderer 和 date-fns，用更人性化的方式剖析來自 API 的 Markdown 和日期。

```
import React from 'react';
import { Text, ScrollView } from 'react-native';
import styled from 'styled-components/native';
import Markdown from 'react-native-markdown-renderer';
import { format } from 'date-fns';

const NoteView = styled.ScrollView`
  padding: 10px;
`;

const Note = ({ note }) => {
  return (
    <NoteView>
      <Text>
        Note by {note.author.username} / Published{' '}
        {format(new Date(note.createdAt), 'MMM do yyyy')}
      </Text>
      <Markdown>{note.content}</Markdown>
```

```
      </NoteView>
    );
  };

  export default Note;
```

變更後，我們將在應用程式的摘要檢視中看到註記清單。輕觸註記預覽將進入完整、可捲動的註記內容（請見圖 23-3）。

圖 23-3　編寫 GraphQL 查詢後，即可在畫面之間切換以檢視註記預覽和完整註記

新增載入指標

目前，應用程式載入資料時，會在畫面上閃爍「Loading」文字。這或許有效地傳達了訊息，但同時也是很擾人的使用者體驗。React Native 提供內建的 `ActivityIndicator`，這會顯示作業系統對應的載入進度環。我們來編寫簡單元件以做為應用程式的載入指標。

在 *src/components/Loading.js* 建立檔案並撰寫在畫面中央顯示活動指標的簡單元件：

```
import React from 'react';
import { View, ActivityIndicator } from 'react-native';
import styled from 'styled-components/native';

const LoadingWrap = styled.View`
  flex: 1;
  justify-content: center;
  align-items: center;
`;

const Loading = () => {
  return (
    <LoadingWrap>
      <ActivityIndicator size="large" />
    </LoadingWrap>
  );
};

export default Loading;
```

我們現在可以替換 GraphQL 查詢元件中的「Loading」文字。在 *src/screens/feed.js* 和 *src/screens/note.js* 中先匯入 Loading 元件：

```
import Loading from '../components/Loading';
```

然後，在兩個檔案中更新 Apollo 載入狀態，如下所示：

```
if (loading) return <Loading />;
```

完成後，應用程式現在會在 API 資料載入時顯示轉圈活動指標（請見圖 23-4）。

圖 23-4 使用 ActivityIndicator，我們可以新增作業系統對應的載入進度環

結論

在本章中，我們先探討如何利用常見的應用程式 UI 模式，將清單檢視整合至 React Native 應用程式。之後，我們配置 Apollo Client 並將來自 API 的資料整合至應用程式。如此一來，我們已具備建構多種常見應用程式所需的一切，例如新聞應用程式或整合來自網站的部落格摘要。在下一章中，我們將為應用程式增加驗證並顯示使用者查詢。

## 第二十四章

行動應用程式驗證

如果您曾經與親戚同住、在出租物業度假或租過附家具的公寓,您就知道被不屬於自己的物品圍繞是什麼感覺。在這種環境中很難感到安心,不想把東西放錯位置或弄亂。在這種情況下,不論屋主多麼親切或大方,這種缺乏所有權的感覺都會讓我感到很焦躁。我能說什麼?除非我可以不用杯墊,否則我就是不自在。

少了自訂或讀取使用者資料的能力,我們的應用程式可能會帶給使用者同樣的不自在感。他們的註記與其他人的註記混在一起,無法使應用程式真正屬於自己。在本章中,我們將為應用程式增加驗證。為此,我們將導入驗證路由流程、使用 Expo 的 SecureStore 儲存權杖資料、在 React Native 中建立文字表單,以及執行驗證 GraphQL 變動。

驗證路由流程

我們先從建立驗證流程開始。使用者初次存取應用程式時,會看到登入畫面。使用者登入時,我們會將權杖儲存在裝置上,讓他們在日後使用應用程式時跳過登入畫面。我們也將增加設定畫面,讓使用者按一下按鈕即可登出應用程式並將權杖從裝置中移除。

為此,我們要新增幾個新畫面:

authloading.js

> 這是插入式畫面,使用者不會與之互動。開啟應用程式後,將使用此畫面檢查權杖是否存在並將使用者引導至登入畫面或應用程式內容。

signin.js

這是讓使用者登入帳戶的畫面。嘗試登入成功後，就會將權杖儲存在裝置上。

settings.js

在設定畫面中，使用者可以按一下按鈕並登出應用程式。登出後，將回到登入畫面。

 使用現有帳戶

我們將在本章稍後新增透過應用程式建立帳戶的功能。如果尚未建立帳戶，可直接透過 API 執行個體的 GraphQL Playground 或網頁應用程式介面建立帳戶。

我們將使用 Expo 的 SecureStore 函式庫（*https://oreil.ly/nvqEO*）來儲存和處理權杖。SecureStore 是在裝置上將資料加密並儲存於本機的簡單方法。就 iOS 裝置而言，SecureStore 是利用內建的鑰匙圈服務（*https://oreil.ly/iCu8R*），而在 Android 上則是使用作業系統的 Shared Preferences，透過 Keystore（*https://oreil.ly/gIXsp*）來加密資料。這些都是在內部進行，讓我們能輕鬆儲存和擷取資料。

首先，我們建立登入畫面。目前，我們的登入畫面包含 Button 元件，按下時將儲存權杖。我們在 *src/screens/signup.js* 建立新的畫面元件，匯入相依性：

```
import React from 'react';
import { View, Button, Text } from 'react-native';
import * as SecureStore from 'expo-secure-store';

const SignIn = props => {
  return (
    <View>
      <Button title="Sign in!" />
    </View>
  );
}

SignIn.navigationOptions = {
  title: 'Sign In'
};

export default SignIn;
```

接著，在 *src/screens/authloading.js* 建立驗證載入元件，這目前只會顯示載入指標：

```
import React, { useEffect } from 'react';
import * as SecureStore from 'expo-secure-store';

import Loading from '../components/Loading';

const AuthLoading = props => {
  return <Loading />;
};

export default AuthLoading;
```

最後，我們可以在 *src/screens/settings.js* 建立設定畫面：

```
import React from 'react';
import { View, Button } from 'react-native';
import * as SecureStore from 'expo-secure-store';

const Settings = props => {
  return (
    <View>
      <Button title="Sign Out" />
    </View>
  );
};

Settings.navigationOptions = {
  title: 'Settings'
};

export default Settings;
```

編寫這些元件後，我們將更新路由以處理已驗證和未驗證狀態。在 *src/screens/index.js* 中，將新畫面增加至匯入陳述式清單，如下所示：

```
import AuthLoading from './authloading';
import SignIn from './signin';
import Settings from './settings';
```

我們也必須更新 react-navigation 相依性以加入 createSwitchNavigator，這讓我們一次顯示一個畫面並在畫面之間切換。SwitchNavigator（*https://oreil.ly/vSURH*）在使用者瀏覽時，將路徑重設為預設狀態並且不提供向後導覽選項。

```
import { createAppContainer, createSwitchNavigator } from 'react-navigation';
```

我們可以為驗證和設定畫面建立新的 StackNavigator。如此一來，即可在未來需要時新增子導覽畫面：

```
const AuthStack = createStackNavigator({
  SignIn: SignIn
});

const SettingsStack = createStackNavigator({
  Settings: Settings
});
```

然後，我們將設定畫面新增至底部 TabNavigator。其餘的索引標籤導覽設定不變：

```
const TabNavigator = createBottomTabNavigator({
  FeedScreen: {
    // ...
  },
  MyNoteScreen: {
    // ...
  },
  FavoriteScreen: {
    // ...
  },
  Settings: {
    screen: Settings,
    navigationOptions: {
      tabBarLabel: 'Settings',
      tabBarIcon: ({ tintColor }) => (
        <MaterialCommunityIcons name="settings" size={24} color={tintColor} />
      )
    }
  }
});
```

我們現在可以透過定義要切換的畫面並設定預設畫面 AuthLoading 來建立 SwitchNavigator。然後，我們將現有的 export 陳述式換成匯出 SwitchNavigator 的陳述式：

```
const SwitchNavigator = createSwitchNavigator(
  {
    AuthLoading: AuthLoading,
    Auth: AuthStack,
    App: TabNavigator
  },
  {
    initialRouteName: 'AuthLoading'
```

```
  }
);

export default createAppContainer(SwitchNavigator);
```

完成後，*src/screens/index.js* 檔案將如下所示：

```
import React from 'react';
import { Text, View, ScrollView, Button } from 'react-native';
import { createAppContainer, createSwitchNavigator } from 'react-navigation';
import { createBottomTabNavigator } from 'react-navigation-tabs';
import { createStackNavigator } from 'react-navigation-stack';
import { MaterialCommunityIcons } from '@expo/vector-icons';

import Feed from './feed';
import Favorites from './favorites';
import MyNotes from './mynotes';
import Note from './note';
import SignIn from './signin';
import AuthLoading from './authloading';
import Settings from './settings';

const AuthStack = createStackNavigator({
  SignIn: SignIn,
});

const FeedStack = createStackNavigator({
  Feed: Feed,
  Note: Note
});

const MyStack = createStackNavigator({
  MyNotes: MyNotes,
  Note: Note
});

const FavStack = createStackNavigator({
  Favorites: Favorites,
  Note: Note
});

const SettingsStack = createStackNavigator({
  Settings: Settings
});

const TabNavigator = createBottomTabNavigator({
  FeedScreen: {
```

```
      screen: FeedStack,
      navigationOptions: {
        tabBarLabel: 'Feed',
        tabBarIcon: ({ tintColor }) => (
          <MaterialCommunityIcons name="home" size={24} color={tintColor} />
        )
      }
    },
    MyNoteScreen: {
      screen: MyStack,
      navigationOptions: {
        tabBarLabel: 'My Notes',
        tabBarIcon: ({ tintColor }) => (
          <MaterialCommunityIcons name="notebook" size={24} color={tintColor} />
        )
      }
    },
    FavoriteScreen: {
      screen: FavStack,
      navigationOptions: {
        tabBarLabel: 'Favorites',
        tabBarIcon: ({ tintColor }) => (
          <MaterialCommunityIcons name="star" size={24} color={tintColor} />
        )
      }
    },
    Settings: {
      screen: SettingsStack,
      navigationOptions: {
        tabBarLabel: 'Settings',
        tabBarIcon: ({ tintColor }) => (
          <MaterialCommunityIcons name="settings" size={24} color={tintColor} />
        )
      }
    }
  }
});

const SwitchNavigator = createSwitchNavigator(
  {
    AuthLoading: AuthLoading,
    Auth: AuthStack,
    App: TabNavigator
  },
  {
    initialRouteName: 'AuthLoading'
  }
```

```
);

export default createAppContainer(SwitchNavigator);
```

目前，我們預覽應用程式時只會看到載入進度環，因為 AuthLoading 路徑是初始畫面。我們來加以更新，使載入畫面檢查 token 值是否存在於應用程式的 SecureStore 中。如果權杖存在，則將使用者引導至應用程式主畫面。但如果權杖不存在，應將使用者路由傳送至登入畫面。我們更新 *src/screens/authloading.js* 以執行此檢查：

```
import React, { useEffect } from 'react';
import * as SecureStore from 'expo-secure-store';

import Loading from '../components/Loading';

const AuthLoadingScreen = props => {
  const checkLoginState = async () => {
    // 擷取權杖值
    const userToken = await SecureStore.getItemAsync('token');
    // 若權杖存在，則前往應用程式畫面
    // 否則前往驗證畫面
    props.navigation.navigate(userToken ? 'App' : 'Auth');
  };

  // 元件安裝後立即呼叫 checkLoginStat
  useEffect(() => {
    checkLoginState();
  });

  return <Loading />;
};

export default AuthLoadingScreen;
```

變更後，當載入應用程式時，應回到登入畫面，因為權杖不存在。現在，我們更新登入畫面，在使用者按下按鈕時儲存通用權杖並進入應用程式（圖 24-1）：

```
import React from 'react';
import { View, Button, Text } from 'react-native';
import * as SecureStore from 'expo-secure-store';

const SignIn = props => {
  // 使用機碼值「token」儲存權杖
  // 儲存權杖後，前往應用程式的主畫面
  const storeToken = () => {
    SecureStore.setItemAsync('token', 'abc').then(
      props.navigation.navigate('App')
```

```
    );
  };

  return (
    <View>
      <Button title="Sign in!" onPress={storeToken} />
    </View>
  );
};

SignIn.navigationOptions = {
  title: 'Sign In'
};

export default SignIn;
```

圖 24-1　按一下按鈕會儲存權杖並將使用者路由傳送至應用程式

現在，使用者按下按鈕時，會透過 SecureStore 儲存權杖。完成登入功能後，我們來增加讓使用者登出應用程式的功能。為此，我們在設定畫面上新增按鈕，按下時將從 SecureStore 中移除權杖（圖 24-2）。在 *src/screens/settings.js* 中：

```
import React from 'react';
import { View, Button } from 'react-native';
import * as SecureStore from 'expo-secure-store';

const Settings = props => {
  // 刪除權杖，然後前往驗證畫面
  const signOut = () => {
    SecureStore.deleteItemAsync('token').then(
      props.navigation.navigate('Auth')
    );
  };

  return (
    <View>
      <Button title="Sign Out" onPress={signOut} />
    </View>
  );
};

Settings.navigationOptions = {
  title: 'Settings'
};

export default Settings;
```

圖 24-2　按一下按鈕會將權杖從裝置中移除並讓使用者回到登入畫面

完成這些部分後，我們已具備建立應用程式驗證流程所需的一切。

務必登出

如果尚未登出，請在本機應用程式執行個體中輕觸登出按鈕。我們將在接下來的章節中增加適當的登入功能。

建立登入表單

我們現在可以按一下按鈕並將權杖儲存在使用者的裝置上，但我們尚未允許使用者以輸入個人資訊的方式登入帳戶。讓我們來解決此問題，建立供使用者輸入電子郵件地址和密碼的表單。為此，我們將使用 React Native 的 `TextInput` 元件在包含表單的 *src/components/UserForm.js* 中建立新元件：

```
import React, { useState } from 'react';
import { View, Text, TextInput, Button, TouchableOpacity } from 'react-native';
import styled from 'styled-components/native';

const UserForm = props => {
  return (
    <View>
      <Text>Email</Text>
      <TextInput />
      <Text>Password</Text>
      <TextInput />
      <Button title="Log In" />
    </View>
  );
}

export default UserForm;
```

現在，我們可以在驗證畫面上顯示此表單。為此，請更新 *src/screens/signin.js* 以匯入並使用元件，如下所示：

```
import React from 'react';
import { View, Button, Text } from 'react-native';
import * as SecureStore from 'expo-secure-store';

import UserForm from '../components/UserForm';

const SignIn = props => {
  const storeToken = () => {
    SecureStore.setItemAsync('token', 'abc').then(
      props.navigation.navigate('App')
    );
  };

  return (
    <View>
      <UserForm />
    </View>
```

```
  );
}

export default SignIn;
```

之後，我們會看到驗證畫面上顯示基本表單，但沒有任何樣式或功能。我們可以在 *src/components/UserForm.js* 檔案中繼續建置表單。我們將使用 React 的 `useState` 勾點來讀取並設定表單元素的值：

```
const UserForm = props => {
  // 表單元素狀態
  const [email, setEmail] = useState();
  const [password, setPassword] = useState();

  return (
    <View>
      <Text>Email</Text>
      <TextInput onChangeText={text => setEmail(text)} value={email} />
      <Text>Password</Text>
      <TextInput onChangeText={text => setPassword(text)} value={password} />
      <Button title="Log In" />
    </View>
  );
}
```

現在，我們可以增加更多屬性至表單元素，為使用者提供在輸入電子郵件地址或密碼時所需的功能。您可以在 React Native 文件（*https://oreil.ly/yvgyU*）中找到 `TextInput API` 的完整文件。我們也會在按下按鈕時呼叫函式，但功能有限。

```
const UserForm = props => {
  // 表單元素狀態
  const [email, setEmail] = useState();
  const [password, setPassword] = useState();

  const handleSubmit = () => {
    // 使用者按表單按鈕時，呼叫此函式
  };

  return (
    <View>
      <Text>Email</Text>
      <TextInput
        onChangeText={text => setEmail(text)}
        value={email}
        textContentType="emailAddress"
```

```
          autoCompleteType="email"
          autoFocus={true}
          autoCapitalize="none"
        />
        <Text>Password</Text>
        <TextInput
          onChangeText={text => setPassword(text)}
          value={password}
          textContentType="password"
          secureTextEntry={true}
        />
        <Button title="Log In" onPress={handleSubmit} />
      </View>
    );
  }
```

我們的表單具備所有必要元件，但樣式有待加強。我們使用 Styled Components 函式庫為表單賦予更精美的外觀：

```
import React, { useState } from 'react';
import { View, Text, TextInput, Button, TouchableOpacity } from 'react-native';
import styled from 'styled-components/native';

const FormView = styled.View`
  padding: 10px;
`;

const StyledInput = styled.TextInput`
  border: 1px solid gray;
  font-size: 18px;
  padding: 8px;
  margin-bottom: 24px;
`;

const FormLabel = styled.Text`
  font-size: 18px;
  font-weight: bold;
`;

const UserForm = props => {
  const [email, setEmail] = useState();
  const [password, setPassword] = useState();

  const handleSubmit = () => {
    // 使用者按表單按鈕時，呼叫此函式
  };
```

```
  return (
    <FormView>
      <FormLabel>Email</FormLabel>
      <StyledInput
        onChangeText={text => setEmail(text)}
        value={email}
        textContentType="emailAddress"
        autoCompleteType="email"
        autoFocus={true}
        autoCapitalize="none"
      />
      <FormLabel>Password</FormLabel>
      <StyledInput
        onChangeText={text => setPassword(text)}
        value={password}
        textContentType="password"
        secureTextEntry={true}
      />
      <Button title="Log In" onPress={handleSubmit} />
    </FormView>
  );
};

export default UserForm;
```

最後，Button 元件被限制在預設樣式選項，但接受 color 屬性值。若要建立自訂樣式按鈕元件，我們可以使用 React Native 包裝函式 TouchableOpacity（請見圖 24-3）：

```
const FormButton = styled.TouchableOpacity`
  background: #0077cc;
  width: 100%;
  padding: 8px;
`;

const ButtonText = styled.Text`
  text-align: center;
  color: #fff;
  font-weight: bold;
  font-size: 18px;
`;

const UserForm = props => {
  const [email, setEmail] = useState();
  const [password, setPassword] = useState();
```

```
const handleSubmit = () => {
  // 使用者按表單按鈕時，呼叫此函式
};

return (
  <FormView>
    <FormLabel>Email</FormLabel>
    <StyledInput
      onChangeText={text => setEmail(text)}
      value={email}
      textContentType="emailAddress"
      autoCompleteType="email"
      autoFocus={true}
      autoCapitalize="none"
    />
    <FormLabel>Password</FormLabel>
    <StyledInput
      onChangeText={text => setPassword(text)}
      value={password}
      textContentType="password"
      secureTextEntry={true}
    />
    <FormButton onPress={handleSubmit}>
      <ButtonText>Submit</ButtonText>
    </FormButton>
  </FormView>
);
};
```

完成後，我們已建置登入表單並套用自訂樣式。我們接著來建置表單的功能。

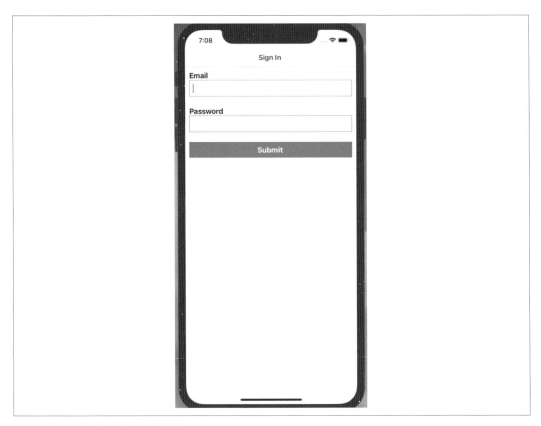

圖 24-3　有自訂樣式的登入表單

使用 GraphQL 變動進行驗證

您也許還記得我們在 API 和網頁應用程式章節中開發的驗證流程，但在繼續之前，我們先快速複習一下。我們會傳送 GraphQL 變動至 API，其中包括使用者的電子郵件地址和密碼。如果電子郵件地址存在於資料庫中且密碼正確，則 API 將以 JWT 回應。我們接著可以將權杖儲存在使用者的裝置上，並且將權杖與每個 GraphQL 要求一併傳送。這可讓我們識別每個 API 要求上的使用者，讓他們不必一再重新輸入密碼。

完成表單後，我們可以在 *src/screens/signin.js* 中編寫 GraphQL 變動。首先，我們將 Apollo 函式庫以及 `Loading` 元件新增至匯入清單：

```
import React from 'react';
import { View, Button, Text } from 'react-native';
import * as SecureStore from 'expo-secure-store';
import { useMutation, gql } from '@apollo/client';

import UserForm from '../components/UserForm';
import Loading from '../components/Loading';
```

接著，可以新增 GraphQL 查詢：

```
const SIGNIN_USER = gql`
  mutation signIn($email: String, $password: String!) {
    signIn(email: $email, password: $password)
  }
`;
```

更新 storeToken 函式，將傳遞的權杖字串儲存為參數：

```
const storeToken = token => {
  SecureStore.setItemAsync('token', token).then(
    props.navigation.navigate('App')
  );
};
```

最後，我們將元件更新為 GraphQL 變動。我們也會傳遞一些屬性值到 UserForm 元件，以便共用變動資料、識別呼叫的表單類型，以及利用路由器的導覽。

```
const SignIn = props => {
  const storeToken = token => {
    SecureStore.setItemAsync('token', token).then(
      props.navigation.navigate('App')
    );
  };

  const [signIn, { loading, error }] = useMutation(SIGNIN_USER, {
    onCompleted: data => {
      storeToken(data.signIn)
    }
  });

  // 若正在載入，則回傳正在載入指標
  if (loading) return <Loading />;
  return (
    <React.Fragment>
      {error && <Text>Error signing in!</Text>}
      <UserForm
```

```
      action={signIn}
      formType="signIn"
      navigation={props.navigation}
    />
  </React.Fragment>
  );
};
```

現在，我們可以在 *src/components/UserForm.js* 元件中做簡單的變更，讓它能夠將使用者輸入的資料傳遞至變動。在元件中，我們將更新 handleSubmit 函式以將表單值傳遞至變動：

```
const handleSubmit = () => {
  props.action({
    variables: {
      email: email,
      password: password
    }
  });
};
```

編寫變動並完成表單後，使用者現在可以登入應用程式，應用程式將儲存回傳的 JSON 網頁權杖以供未來使用。

已驗證 GraphQL 查詢

現在使用者可以登入帳戶，我們必須使用儲存的權杖來驗證每個要求。我們可以要求使用者資料，例如目前使用者的註記清單或使用者標示為「最愛」的註記清單。為此，我們將更新 Apollo 配置以檢查權杖是否存在，如果存在，則將該權杖的值與各個 API 呼叫一併傳送。

在 *src/Main.js* 中，首先新增 SecureStore 至匯入清單並更新 Apollo Client 相依性以加入 createHttpLink 和 setContext：

```
// 匯入 Apollo 函式庫
import {
  ApolloClient,
  ApolloProvider,
  createHttpLink,
  InMemoryCache
} from '@apollo/client';
import { setContext } from 'apollo-link-context';
```

```
// 匯入 SecureStore 以擷取權杖值
import * as SecureStore from 'expo-secure-store';
```

我們隨後可以更新 Apollo Client 配置，將權杖值與各個要求一併傳送：

```
// 配置 API URI 和快取
const uri = API_URI;
const cache = new InMemoryCache();
const httpLink = createHttpLink({ uri });

// 將標頭回傳至 context
const authLink = setContext(async (_, { headers }) => {
  return {
    headers: {
      ...headers,
      authorization: (await SecureStore.getItemAsync('token')) || ''
    }
  };
});

// 配置 Apollo Client
const client = new ApolloClient({
  link: authLink.concat(httpLink),
  cache
});
```

在各個要求的標頭中傳送權杖後，我們現在可以更新 mynotes 和 favorites 畫面以要求使用者資料。如果您已讀過網頁章節，這些查詢看起來應非常眼熟。

在 *src/screens/mynotes.js* 中：

```
import React from 'react';
import { Text, View } from 'react-native';
import { useQuery, gql } from '@apollo/client';

import NoteFeed from '../components/NoteFeed';
import Loading from '../components/Loading';

// GraphQL 查詢
const GET_MY_NOTES = gql`
  query me {
    me {
      id
      username
      notes {
        id
```

```
        createdAt
        content
        favoriteCount
        author {
          username
          id
          avatar
        }
      }
    }
  }
`;

const MyNotes = props => {
  const { loading, error, data } = useQuery(GET_MY_NOTES);

  // 若正在載入資料，則顯示正在載入訊息
  if (loading) return <Loading />;
  // 若擷取資料時發生錯誤，則顯示錯誤訊息
  if (error) return <Text>Error loading notes</Text>;
  // 若查詢成功而有註記，則回傳註記摘要
  // 若查詢成功而沒有註記，則顯示訊息
  if (data.me.notes.length !== 0) {
    return <NoteFeed notes={data.me.notes} navigation={props.navigation} />;
  } else {
    return <Text>No notes yet</Text>;
  }
};

MyNotes.navigationOptions = {
  title: 'My Notes'
};

export default MyNotes;
```

在 *src/screens/favorites.js* 中：

```
import React from 'react';
import { Text, View } from 'react-native';
import { useQuery, gql } from '@apollo/client';

import NoteFeed from '../components/NoteFeed';
import Loading from '../components/Loading';

// GraphQL 查詢
const GET_MY_FAVORITES = gql`
```

```
  query me {
    me {
      id
      username
      favorites {
        id
        createdAt
        content
        favoriteCount
        author {
          username
          id
          avatar
        }
      }
    }
  }
`;

const Favorites = props => {
  const { loading, error, data } = useQuery(GET_MY_FAVORITES);

  // 若正在載入資料，則應用程式將顯示正在載入訊息
  if (loading) return <Loading />;
  // 若擷取資料時發生錯誤，則顯示錯誤訊息
  if (error) return <Text>Error loading notes</Text>;
  // 若查詢成功而有註記，則顯示註記摘要
  // 若查詢成功而沒有註記，則顯示訊息
  if (data.me.favorites.length !== 0) {
    return <NoteFeed notes={data.me.favorites} navigation={props.navigation} />;
  } else {
    return <Text>No notes yet</Text>;
  }
};

Favorites.navigationOptions = {
  title: 'Favorites'
};

export default Favorites;
```

圖 24-4　在各個要求的標頭中傳遞權杖，即可在應用程式中進行使用者查詢

我們現在根據儲存在使用者裝置上的權杖值擷取使用者資料（圖 24-4）。

新增註冊表單

目前，使用者可以登入現有帳戶，但無法在沒有帳戶的情況下建立帳戶。常見的 UI 模式是在登入連結下方增加註冊表單的連結（或者相反）。我們來增加註冊畫面，讓使用者從應用程式中建立新帳戶。

首先，在 *src/screens/signup.js* 建立新的畫面元件。此元件與登入畫面幾乎相同，但我們呼叫 signUp GraphQL 變動並傳遞 formType="signUp" 屬性至 UserForm 元件：

```
import React from 'react';
import { Text } from 'react-native';
import * as SecureStore from 'expo-secure-store';
import { useMutation, gql } from '@apollo/client';

import UserForm from '../components/UserForm';
import Loading from '../components/Loading';

// signUp GraphQL 變動
const SIGNUP_USER = gql`
  mutation signUp($email: String!, $username: String!, $password: String!) {
    signUp(email: $email, username: $username, password: $password)
  }
`;

const SignUp = props => {
  // 使用機碼值「token」儲存權杖
  // 儲存權杖後，前往應用程式的主畫面
  const storeToken = token => {
    SecureStore.setItemAsync('token', token).then(
      props.navigation.navigate('App')
    );
  };

  // signUp 變動勾點
  const [signUp, { loading, error }] = useMutation(SIGNUP_USER, {
    onCompleted: data => {
      storeToken(data.signUp);
    }
  });

  // 若正在載入，則回傳正在載入指標
  if (loading) return <Loading />;

  return (
    <React.Fragment>
      {error && <Text>Error signing in!</Text>}
      <UserForm
        action={signUp}
        formType="signUp"
        navigation={props.navigation}
      />
    </React.Fragment>
  );
};
```

```
SignUp.navigationOptions = {
  title: 'Register'
};

export default SignUp;
```

建立畫面後,我們可以將它新增至路由器。在 *src/screens/index.js* 檔案中,先將新元件加入至檔案匯入清單:

```
import SignUp from './signup';
```

接著,更新 `AuthStack` 以加入註冊畫面:

```
const AuthStack = createStackNavigator({
  SignIn: SignIn,
  SignUp: SignUp
});
```

完成後,元件已建立且可路由;但 `UserForm` 元件不包含所有必要欄位。我們不建立註冊表單元件,可以利用傳遞給 User Form 的 `formType` 屬性,視類型而定。

在 *src/components/UserForm.js* 檔案中,我們先更新表單,在 `formType` 等於 `signUp` 時加入使用者名稱欄位:

```
const UserForm = props => {
  const [email, setEmail] = useState();
  const [password, setPassword] = useState();
  const [username, setUsername] = useState();

  const handleSubmit = () => {
    props.action({
      variables: {
        email: email,
        password: password,
        username: username
      }
    });
  };

  return (
    <FormView>
      <FormLabel>Email</FormLabel>
      <StyledInput
        onChangeText={text => setEmail(text)}
        value={email}
        textContentType="emailAddress"
```

```
        autoCompleteType="email"
        autoFocus={true}
        autoCapitalize="none"
      />
      {props.formType === 'signUp' && (
        <View>
          <FormLabel>Username</FormLabel>
          <StyledInput
            onChangeText={text => setUsername(text)}
            value={username}
            textContentType="username"
            autoCapitalize="none"
          />
        </View>
      )}
      <FormLabel>Password</FormLabel>
      <StyledInput
        onChangeText={text => setPassword(text)}
        value={password}
        textContentType="password"
        secureTextEntry={true}
      />
      <FormButton onPress={handleSubmit}>
        <ButtonText>Submit</ButtonText>
      </FormButton>
    </FormView>
  );
};
```

接著，在登入表單的最下方新增連結，讓使用者在按下連結時前往註冊表單：

```
return (
  <FormView>
    {/* 現有的表單元件程式碼在此處 */}
    {props.formType !== 'signUp' && (
      <TouchableOpacity onPress={() => props.navigation.navigate('SignUp')}>
        <Text>Sign up</Text>
      </TouchableOpacity>
    )}
  </FormView>
)
```

隨後可以使用樣式化元件更新連結外觀：

```
const SignUp = styled.TouchableOpacity`
  margin-top: 20px;
`;
```

```
const Link = styled.Text`
  color: #0077cc;
  font-weight: bold;
`;
```

在元件的 JSX 中：

```
{props.formType !== 'signUp' && (
  <SignUp onPress={() => props.navigation.navigate('SignUp')}>
    <Text>
      Need an account? <Link>Sign up.</Link>
    </Text>
  </SignUp>
)}
```

完成後，*src/components/UserForm.js* 檔案現在如下所示：

```
import React, { useState } from 'react';
import { View, Text, TextInput, Button, TouchableOpacity } from 'react-native';
import styled from 'styled-components/native';

const FormView = styled.View`
  padding: 10px;
`;

const StyledInput = styled.TextInput`
  border: 1px solid gray;
  font-size: 18px;
  padding: 8px;
  margin-bottom: 24px;
`;

const FormLabel = styled.Text`
  font-size: 18px;
  font-weight: bold;
`;

const FormButton = styled.TouchableOpacity`
  background: #0077cc;
  width: 100%;
  padding: 8px;
`;

const ButtonText = styled.Text`
  text-align: center;
  color: #fff;
```

```
    font-weight: bold;
    font-size: 18px;
`;

const SignUp = styled.TouchableOpacity`
  margin-top: 20px;
`;

const Link = styled.Text`
  color: #0077cc;
  font-weight: bold;
`;

const UserForm = props => {
  const [email, setEmail] = useState();
  const [password, setPassword] = useState();
  const [username, setUsername] = useState();

  const handleSubmit = () => {
    props.action({
      variables: {
        email: email,
        password: password,
        username: username
      }
    });
  };

  return (
    <FormView>
      <FormLabel>Email</FormLabel>
      <StyledInput
        onChangeText={text => setEmail(text)}
        value={email}
        textContentType="emailAddress"
        autoCompleteType="email"
        autoFocus={true}
        autoCapitalize="none"
      />
      {props.formType === 'signUp' && (
        <View>
          <FormLabel>Username</FormLabel>
          <StyledInput
            onChangeText={text => setUsername(text)}
            value={username}
            textContentType="username"
```

```
          autoCapitalize="none"
        />
      </View>
    )}
    <FormLabel>Password</FormLabel>
    <StyledInput
      onChangeText={text => setPassword(text)}
      value={password}
      textContentType="password"
      secureTextEntry={true}
    />
    <FormButton onPress={handleSubmit}>
      <ButtonText>Submit</ButtonText>
    </FormButton>
    {props.formType !== 'signUp' && (
      <SignUp onPress={() => props.navigation.navigate('SignUp')}>
        <Text>
          Need an account? <Link>Sign up.</Link>
        </Text>
      </SignUp>
    )}
  </FormView>
  );
};

export default UserForm;
```

變更後，使用者即可使用應用程式登入和註冊帳戶（圖 24-5）。

圖 24-5　使用者現在可以註冊帳戶並在驗證畫面之間切換

結論

在本章中，我們探討了如何將驗證導入應用程式。透過 React Native 的文字表單元素、React Navigation 的路由功能、Expo 的 SecureStore 函式庫與 GraphQL 變動的結合，我們可以建立人性化的驗證流程。充分瞭解此類型的驗證也讓我們能夠探索更多 React Native 驗證方法，例如 Expo 的 AppAuth（*https://oreil.ly/RaxNo*）或 GoogleSignIn（*https://oreil.ly/Ic6BW*）。在下一章中，我們將看看如何發佈 React Native 應用程式。

## 第二十五章

行動應用程式發佈

1990 年代中期我在讀高中的時候，很流行為 TI-81 繪圖計算機（*https://oreil.ly/SqOKQ*）下載遊戲。有人先拿到一套遊戲，然後就像野火一樣蔓延，我們每個人輪流用電線連接計算機以載入遊戲。用計算機玩遊戲是在教室或自修室後面打發時間，同時假裝在寫作業的好方法。但您可以想像，這種傳播方法很慢，兩個學生必須保持連線好幾分鐘，其他人只能乾等。現在，數位袖珍電腦的功能遠勝我那微不足道的繪圖計算機，部分原因是我們可以透過可安裝的第三方應用程式輕鬆增加功能。

初步的應用程式開發完成後，我們現在可以發佈應用程式以供他人存取。在本章中，我們將探討如何配置 *app.json* 檔案以進行發佈。接著會在 Expo 中公開發佈應用程式。最後，我們將產生可提交至 Apple 或 Google Play 商店的應用程式套件。

app.json 配置

Expo 應用程式包含 *app.json* 檔案，用來配置應用程式設定。

產生新的 Expo 應用程式時，會自動建立 *app.json* 檔案。我們來看看為應用程式產生的檔案：

```
{
  "expo": {
    "name": "Notedly",
    "slug": "notedly-mobile",
    "description": "An example React Native app",
    "privacy": "public",
    "sdkVersion": "33.0.0",
    "platforms": ["ios", "android"],
```

```
      "version": "1.0.0",
      "orientation": "portrait",
      "icon": "./assets/icon.png",
      "splash": {
        "image": "./assets/splash.png",
        "resizeMode": "contain",
        "backgroundColor": "#ffffff"
      },
      "updates": {
        "fallbackToCacheTimeout": 1500
      },
      "assetBundlePatterns": ["**/*"],
      "ios": {
        "supportsTablet": true
      },
      "android": {}
    }
  }
```

大部分的內容都不需要說明，但我們來看看各個項目的用途：

name

應用程式的名稱。

slug

在 *expo.io/project-owner/slug* 發佈 Expo 應用程式的 URL 名稱。

description

專案的描述，將在 Expo 發佈應用程式時使用。

privacy

Expo 專案的公開可用性。可設為 public 或 unlisted。

sdkVersion

Expo SDK 版本號碼。

platforms

目標平台，包括 ios、android 和 web。

version

應用程式的版本號碼，應遵循 Semantic Versioning 標準（*https://semver.org*）。

orientation

應用程式的預設方向，可透過 `portrait` 或 `landscape` 值加以鎖定，或透過 `default` 配合使用者的裝置旋轉。

icon

通往應用程式圖示的路徑，將用於 iOS 和 Android。

splash

應用程式載入畫面的圖片位置和設定。

updates

關於載入應用程式時，應用程式如何檢查是否有空中下載（OTA）更新的配置。`fallbackToCacheTimeout` 參數讓我們以毫秒為單位指定時間長度。

assetBundlePatterns

讓我們指定應與應用程式打包的資產位置。

ios 與 *android*

啟用平台設定。

此預設配置為我們的應用程式提供穩固的基礎。您可以在 Expo 文件（*https://oreil.ly/XXT4k*）中找到其他設定。

圖示和應用程式載入畫面

裝置上的方形小圖示已成為現代社會辨識度最高的設計之一。閉上眼睛，我敢肯定您可以想到數十種圖示，細至標誌或特定背景顏色。此外，使用者輕觸圖示時，會出現初始的靜態「啟動畫面」，該畫面在應用程式載入時顯示。到目前為止，我們都使用預設的空 Expo 圖示和啟動畫面。我們可以在應用程式中將它們替換成自訂設計。

我已在 *assets/custom* 資料夾中加入 Notedly 圖示和啟動畫面。我們可以加以利用，將 *assets* 目錄中的圖片換成它們或更新 *app.json* 配置以指向 *custom* 子目錄中的檔案。

應用程式圖示

icon.png 檔案為正方形 1024×1024px PNG 檔案。如果我們用 *app.json* `icon` 屬性指向該檔案，Expo 將針對不同的平台和裝置產生對應的圖示大小。圖片應為正方形，無任何透明像素。這是加入應用程式圖示最簡單也最直接的方式：

```
"icon": "./assets/icon.png",
```

除了單一跨平台圖示之外，我們也可以選擇加入平台專用圖示。此方法的重點是為 Android 和 iOS 加入不同的圖示樣式，尤其是在您有興趣使用 Android 的自動調整圖示（*https://oreil.ly/vLC3f*）的情況下。

就 iOS 而言，我們繼續使用單一 1024×1024 png。在 *app.json* 檔案中：

```
"ios": {
  "icon": IMAGE_PATH
}
```

為了利用 Android 的自動調整圖示，我們指定 `foregroundImage`、`backgroundColor`（或 `backgroundImage`）以及後援靜態 `icon`：

```
"android": {
  "adaptiveIcon": {
    "foregroundImage": IMAGE_PATH,
    "backgroundColor": HEX_CODE,
    "icon": IMAGE_PATH
  }
}
```

就我們的使用案例而言，我們可以繼續使用單一靜態圖示。

啟動畫面

啟動畫面是應用程式在裝置上啟動時短暫顯示的全螢幕圖片。我們可以將預設的 Expo 圖片換成 *assets/custom* 中的圖片。雖然裝置大小在平台中和平台之間不同，但我選擇使用 Expo 文件（*https://oreil.ly/7a-5J*）建議的 1242×2436 大小。Expo 隨後將調整圖片大小以配合裝置螢幕和長寬比。

我們可以在 *app.json* 檔案中配置啟動畫面，如下所示：

```
"splash": {
  "image": "./assets/splash.png",
  "backgroundColor": "#ffffff",
```

```
    "resizeMode": "contain"
},
```

預設情況下，我們設定白色背景顏色，在圖片載入時顯示，或根據我們選擇 resizeMode 顯示為啟動畫面圖片周圍的邊框。我們可以加以更新以配合畫面顏色：

```
"backgroundColor": "#4A90E2",
```

resizeMode 指示如何針對各種螢幕尺寸調整圖片大小。將此設為 contain，即可保留原始圖片的長寬比。如果使用 contain，某些螢幕尺寸或解析度會將 backgroundColor 視為啟動畫面圖片周圍的邊框。我們也可以將 resizeMode 設為 cover，這會放大圖片以填滿整個畫面。由於我們的應用程式具有微妙的漸層，我們將 resizeMode 設為 cover：

```
"resizeMode": "cover"
```

圖 25-1　應用程式啟動畫面

完成後，圖示和啟動畫面圖片已配置完畢（請見圖 25-1）。我們接下來將探討如何發佈應用程式供他人存取。

Expo 發佈

在開發過程中，我們可以透過區域網路在實體裝置上的 Expo Client 應用程式中存取我們的應用程式。因此，只要開發機器和手機在同一網路上，我們就能存取應用程式。Expo 讓我們能夠發佈專案，專案將應用程式上傳至 Expo CDN 並提供可公開存取的 URL。如此一來，任何人都可以透過 Expo Client 應用程式執行我們的應用程式。這對於測試或快速應用程式發佈而言很有幫助。

若要發佈專案，我們可以在瀏覽器的 Expo 開發人員工具中按一下「Publish or republish project」連結（請見圖 25-2），或在終端機中輸入 expo publish。

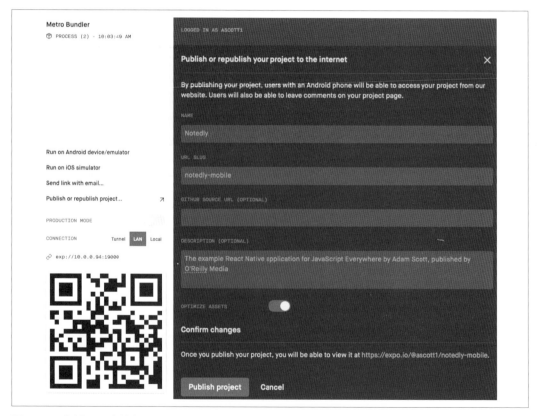

圖 25-2　我們可以直接從 Expo 開發人員工具發佈應用程式

封裝完成後，任何人都可以透過 Expo Client 應用程式前往 *https://exp.host/@<user-name>/<slug>* 存取應用程式。

建立原生組建

直接透過 Expo 發佈對於測試或快速使用案例而言是不錯的選擇，但我們很有可能要透過 Apple App Store 或 Google Play 商店發佈應用程式。為此，我們將建構可上傳至這兩個商店的檔案。

> *Windows 使用者*
>
> 根據 Expo 文件，Windows 使用者必須啟用適用於 Linux 的 Windows 子系統（WSL）。為此，請遵循 Microsoft 提供的 Installation Guide for Windows 10（*https://oreil.ly/B8_nd*）。

iOS

產生 iOS 組建需要 Apple Developer Program（*https://oreil.ly/E0NuU*）成員資格，費用為每年 99 美元。有了帳戶後，即可在 *app.json* 檔案中為 iOS 新增 `bundleIdentifier`。此識別碼應遵循反向 DNS 表示法：

```
"expo": {
"ios": {
    "bundleIdentifier": "com.yourdomain.notedly"
  }
}
```

更新 *app.json* 檔案後，即可產生組建。在終端機應用程式中，從專案目錄的根目錄輸入：

```
$ expo build:ios
```

執行組建後，系統將提示您使用 Apple ID 登入。登入後，系統將詢問一些關於如何處理憑證的問題。Expo 能夠替我們管理所有憑證，您可以在以下各個提示中選擇第一個選項以給予許可：

```
? How would you like to upload your credentials? (Use arrow keys)
> Expo handles all credentials, you can still provide overrides
  I will provide all the credentials and files needed, Expo does limited validat
ion
```

```
? Will you provide your own Apple Distribution Certificate? (Use arrow keys)
> Let Expo handle the process
  I want to upload my own file

? Will you provide your own Apple Push Notifications service key? (Use arrow
keys)
> Let Expo handle the process
  I want to upload my own file
```

如果您擁有有效的 Apple Developer Program 帳戶，Expo 將產生可提交至 Apple App Store 的檔案。

Android

就 Android 而言，我們可以產生 Android Package File（APK）或 Android App Bundle（AAB）檔案。Android App Bundle 是較為現代的格式，所以我們選擇此方法。如果您有興趣，Android 開發人員文件（*https://oreil.ly/mEAlR*）提供了 App Bundle 優點的詳細說明。

產生套件組合之前，我們先更新 *app.json* 檔案以加入 Android package 識別碼。如同 iOS，這應採用反向 DNS 表示法：

```
"android": {
    "package": "com.yourdomain.notedly"
  }
```

完成後，即可從終端機應用程式產生應用程式套件組合。請務必 cd 進入專案根目錄並執行：

```
$ build:android -t app-bundle
```

必須簽署 App Bundle。我們可以自行產生簽章，但 Expo 可以替我們管理金鑰儲存區。執行命令以產生套件組合後，您會看到以下提示：

```
? Would you like to upload a keystore or have us generate one for you?
If you don't know what this means, let us handle it! :)

1) Let Expo handle the process!
2) I want to upload my own keystore!
```

如果選擇 1，Expo 會替您產生 App Bundle。流程結束時，即可下載檔案上傳至 Google Play 商店的檔案。

發佈至應用程式商店

因為審核準則和相關成本不斷改變，我不會介紹將應用程式提交至 Apple App Store 或 Google Play 商店的細節。Expo 文件（*https://oreil.ly/OmGB2*）在匯整資源與準則方面做得很棒，是很有幫助的最新指南，說明如何完成應用程式商店發佈流程。

結論

在本章中，我們已探討如何發佈 React Native 應用程式。Expo 的工具可讓我們快速發佈應用程式進行測試，並產生可上傳至應用程式商店的正式版本。Expo 也提供關於控制層級的選項以管理憑證和相依性。

至此，我們已成功編寫並發佈後端資料 API、網頁應用程式、桌面應用程式以及跨平台行動應用程式！

後記

在美國，送一本 Suess 博士的《*Oh the Places You'll Go!*》（中文版書名《你要前往的地方！》，小天下出版）給高中畢業生當作畢業禮物的情形，相當常見。

　　恭喜！今天是您的大日子。您將前往美好的所在！您將展翅高飛！

如果您已讀到本書的最後，值得慶祝一下。我們探討了許多主題，從使用 Node 建構 GraphQL API 以至多種 UI 用戶端，但我們只觸及皮毛。每個主題本身都能寫成書和無數的線上教學。希望各位不會覺得頭暈腦脹，而是準備好更深入地探索您感興趣的主題並創造令人讚嘆的作品。

JavaScript 是麻雀雖小，五臟俱全的程式語言。過去微不足道的「玩具語言」，如今已成為世界上最熱門的程式設計語言。因此，瞭解如何編寫 JavaScript 是一種超能力，讓我們能夠為任何平台構建幾乎任何類型的應用程式。因為它是一種超能力，我最後要用一個老梗（*https://oreil.ly/H02ca*）：

　　……能力越大，責任越大！

科技可以、也應該是善的力量。希望您能夠運用從本書學到的知識，讓世界變得更美好。這可能包括從事能為家人帶來更好生活的新工作或業餘專案、向他人傳授新的技能，或是創造帶來幸福或改善他人生活的產品。無論如何，當您發揮善的力量，我們都會過得更好。

請不要當個陌生人。我很樂意看到您的作品。歡迎透過 *adam@jseverywhere.io* 寄電子郵件給我，或加入 Spectrum 社群（*https://spectrum.chat/jseverywhere*）。感謝您的閱讀。

— Adam

在本機執行 API

如果您選讀本書的 UI 部分，但未讀過 API 開發章節，您仍需要在本機執行的 API 複本。

第一步是確定已依照第 1 章所述安裝並在系統上執行 MongoDB。資料庫開始運作後，即可複製 API 和最終程式碼。為了將程式碼複製到本機電腦，請開啟終端機，前往用來儲存專案的目錄，對專案儲存庫進行 **git clone**。如果還沒這麼做，您也可以建立 *notedly* 目錄來整理專案程式碼：

```
$ cd Projects
# 如果還沒有醒目目錄，只要執行以下的 mkdir 指令就好
$ mkdir notedly
$ cd notedly
$ git clone git@github.com:javascripteverywhere/api.git
$ cd api
```

最後，您必須透過複製 *.sample.env* 檔案並在新建立的 *.env* 檔案中填入資訊來更新環境變數。

在終端機中，執行：

```
$ cp .env.example .env
```

現在，在文字編輯器中更新 *.env* 案的值：

```
## 資料庫
DB_HOST=mongodb://localhost:27017/notedly
TEST_DB=mongodb://localhost:27017/notedly-test

## 驗證
JWT_SECRET=YOUR_PASSWORD
```

最後，您可以啟動 API。在終端機中，執行：

```
$ npm start
```

完成這些指示後，您的系統上應已具有在本機執行的 Notedly API 複本。

在本機執行網頁應用程式

如果您選讀本書的 Electron 部分，但未讀過網頁開發章節，您仍需要在本機執行的網頁應用程式複本。

第一步是確保您有在本機執行的 API 複本。如果還沒有，請參考附錄 A 在本機執行 API。

API 開始運作後，即可複製網頁應用程式。為了將程式碼複製到本機電腦，請開啟終端機，前往用來儲存專案的目錄，對專案儲存庫進行 **git clone**。

```
$ cd Projects
# 如果將專案保存在 notedly 資料夾中，請 cd 進入 notedly 目錄
$ cd notedly
$ git clone git@github.com:javascripteverywhere/web.git
$ cd web
```

接著，必須複製 *.sample.env* 檔案並在新建立的 *.env* 檔案中填入資訊以更新環境變數。

在終端機中，執行：

```
$ cp .env.example .env
```

現在，在文字編輯器中更新 *.env* 檔案的值以確保與本機執行 API 的 URL 相符。如果一切都保留預設值，則不必做任何變更。

```
API_URI=http://localhost:4000/api
```

最後，您可以執行最終網頁程式碼範例。在終端機應用程式中，執行：

```
$ npm run final
```

完成這些指示後，您的系統上應有在本機執行的 Notedly 網頁應用程式複本。

索引

※ 提醒您：由於翻譯書排版的關係，部分索引名詞的對應頁碼會和實際頁碼有一頁之差。

X

關於作者

Adam D. Scott 是一名工程主管、網頁開發人員兼教育工作者，居住於康乃狄克。他目前擔任消費者金融保護局的網頁開發主管，與人才輩出的團隊共同建構開放原始碼網頁應用程式。此外，他服務於教育界超過十年，教授並撰寫關於各種技術主題的課程。他的作品包括：*教育用 WordPress*（Packt，2012 年）、*Introduction to Modern Front-End Development* 影片課程（O'Reilly，2015 年），以及 *Ethical Web Development* 報告系列（O'Reilly，2016–2017 年）。

出版記事

本書封面上的動物是常見的銅翅鳩（*Phaps chalcoptera*），為澳洲最常見的鳩鴿科動物之一。這種鳥在澳洲大陸的各種棲息地四處可見，最可能看到牠們在地上尋覓洋槐樹叢林的種子當食物。

銅翅鳩是很謹慎的鳥類，一點點動靜就會讓牠們用力拍著翅膀飛向最近的洋槐樹。晴天的時候，可以看到牠們翅膀上宛如彩虹的青銅與綠色斑塊。雄銅翅鳩的前額是黃色和白色的，胸口則是粉紅色的；雌銅翅鳩的前額和胸口則是淺灰色。但是無論雌雄，從眼睛到後腦杓會有一條白色弧線。

銅翅鳩的巢大約寬 10 英寸、深 4 英寸，剛好容得下同時產出的兩個光滑的白色鴿蛋。雙親共同孵蛋，大約 14–16 天後孵化。有別於大多數的鳥類，雌雄銅翅鳩會分攤哺育雛鳥的責任，從牠們位於喉嚨，用於儲存食物的肌肉袋「嗉囊」分泌乳狀物質。

雖然銅翅鳩目前的保育狀態是無危，但 O'Reilly 書籍封面上有許多動物都瀕臨絕種，這些動物對世界而言都很重要。

封面圖片由 Karen Montgomery 繪製，參考《*Lydekker* 的皇家自然史》中的黑白版畫。

JavaScript 無所不在

作　　者：Adam D. Scott
譯　　者：楊政荃
協力翻譯：統一數位翻譯股份有限公司
企劃編輯：蔡彤孟
文字編輯：江雅鈴
設計裝幀：陶相騰
發 行 人：廖文良

發 行 所：碁峰資訊股份有限公司
地　　址：台北市南港區三重路 66 號 7 樓之 6
電　　話：(02)2788-2408
傳　　真：(02)8192-4433
網　　站：www.gotop.com.tw
書　　號：A631
版　　次：2021 年 01 月初版
建議售價：NT$580

國家圖書館出版品預行編目資料

JavaScript 無所不在 / Adam D. Scott 原著；楊政荃譯. -- 初版.
-- 臺北市：碁峰資訊, 2021.01
　　面；　公分
　　譯自：JavaScript Everywhere
　　ISBN 978-986-502-657-8(平裝)
　　1.Java Script(電腦程式語言)
312.32J36　　　　　　　　　　　　　　109017097

讀者服務

● 感謝您購買碁峰圖書，如果您對本書的內容或表達上有不清楚的地方或其他建議，請至碁峰網站：「聯絡我們」\「圖書問題」留下您所購買之書籍及問題。(請註明購買書籍之書號及書名，以及問題頁數，以便能儘快為您處理)
http://www.gotop.com.tw

● 售後服務僅限書籍本身內容，若是軟、硬體問題，請您直接與軟體廠商聯絡。

● 若於購買書籍後發現有破損、缺頁、裝訂錯誤之問題，請直接將書寄回更換，並註明您的姓名、連絡電話及地址，將有專人與您連絡補寄商品。